宇宙・0・無限大

谷口義明

光文社新書

はじめに

私の職業は天文学者である。専門分野は銀河天文学と観測的宇宙論。職業柄、宇宙について考える日々が続いている。

天文学者はざっぱくな性格の人が多いので、細かなことは気にしない。たとえば、3と7という数がある。天文学者の場合、ある人は3も7も1であるという。一方、10だという人もいる。つまり、オーダー（桁）で数値を捉えることがよくある。

私もそんな天文学者の1人であるが、最近、少し気になる数が出てきた。それは0と無限大だ。そのきっかけになったことが2つある。

まず、最近書いた1冊の本である。タイトルは『宇宙を動かしているものは何か』（光文社新書）。この本では宇宙を動かしている4つの力を紹介した。重力、電磁気力、強い力、そして弱い力である。重力と電磁気力については、説明は不要だろう。残り２つの力、強い力と弱い力は原子（ミクロ）の世界の力なので、普段は耳にしないかもしれない。強い力は原子核を安定して維持するための力であり、弱い力は逆に原子核を壊す力である。

この広い宇宙が、たった４つの力で動いていることには驚いてしまう。しかし、もっと驚くべきことは、いずれの力も遠隔力であることだ。つまり、力を及ぼし合うとき、接触する必要はないのである。

手のひらで壁を押す。壁は手のひらを押し返してくる。作用・反作用の法則である。壁を手のひらで押すとき、私たちは手のひらが壁に接触していると感じる。そして、壁を押すことができるのは、手のひらが壁に接触しているためだと考える。

じつはこれは間違っている。手のひらと壁は厳密には接触していない。手のひらと壁にある原子や分子が電磁気力で押し合っているだけなのである。原子レベルで手のひらと壁を注意深く見ると、接触はしていない。つまり、手のひらと壁との距離をdとすると、dは０にはなっていないのである。

宇宙を動かしている４つの力が遠隔力であるということは、宇宙には接触しているもの同士が力を及ぼし合う必要はない。逆の見方をすれば、宇宙には$d=0$を満たしているものはないと考えてよい。とすると、ひょっとしたら宇宙にはゼロがないのだろうか？　そんな素朴な疑問が生まれた。

もう1つの気になる数は無限大である。特に強い理由はないにもかかわらず、私たちはこの宇宙には無限大という数があるように感じている。もちろん、誰も無限大を見たことはない。おそらくは、無限という言葉を知っているので、あまり気にせずに無限という言葉を使っているだけなのかもしれない。

その疑念を明らかにしてくれたパラドックスがある。それは「オルバースのパラドックス」と呼ばれるものだ。それは次のような論理をもとにしている。

宇宙は無限に広い

↓

宇宙には星が無限個ある

↓

星が一様に分布していれば、夜空は真昼のように明るくなる一見正しそうに見えるのではないだろうか。ところが、ご存知のように夜空は暗い。この矛盾が「オルバースのパラドックス」である。何か間違っていることは確かだ。疑わしきは「宇宙は無限に広い」「宇宙には星が無限個ある」という仮定であろう。

そして、この仮定が間違っているとすると、新たな疑問も生まれる。そう、そもそも宇宙に無限大はあるのだろうか。

無限大は数学的に議論することはできるし、実際、私たちは無限級数などでいろいろな問題が解けたことも知っている。しかし、それは数学的な道具としての無限大である。この宇宙に無限大があることを意味しているわけではない。ひょっとしたら、この宇宙には無限大もないのかもしれない。

さらに、この宇宙に0と無限大がないとすると、またまた次の疑問が生まれる。時間の世界を考えてみてほしい。0も無限大もないとしたら、この宇宙には「瞬間」と「永遠」もないのではないだろうか。

ということで、問題をまとめると次のようになる。

この宇宙に0はあるのか？

この宇宙に無限大はあるのか？
この宇宙に瞬間はあるのか？
この宇宙に永遠はあるのか？

本書ではこれらの問題について考えてみることにしよう。はたして真相や如何に？

宇宙・0・無限大

目次

目次・章扉作成／熊谷智子
本文図表作成／デザイン・プレイス・デマンド

第1章

不可思議なゼロと無限大

ゼロと無限大は常にあやしいほど似ていた。ゼロに何を掛けてもゼロだ。無限に何を掛けても無限である。数をゼロで割ると無限大になる。数を無限大で割るとゼロになる。どんな数にゼロを足してもそのままだ。無限大に数を足しても無限大は変わらない。

——チャールズ・サイフェ『異端の数ゼロ』より

１－１　厄介なゼロ

ゼロの役割

０。ゼロ。零。

日常生活で私たちはよくゼロに出会う。ただ、ゼロの意味を深く考えることはない。ゼロの適切な使い方を知っていれば、生活には支障がないからだ。

私たちがゼロをよく使うのは「存在しないこと」を示すときである。つまり、「個数がない」ということである。たとえば、テーブルの上にリンゴが１個あるとしよう。そのリンゴを取って食べてしまったらどうなるか？　テーブルの上にはもうリンゴがない。つまり、リンゴの個数は１個から０個になった。

次に百円玉も見てみよう。百は数字を使うと１００と書く。ここに０が２つ出てくる。では、私たちはこの２つの０に注意を払うだろうか？　払うことはない。あえていえば、１は

５のほうがいいな、と思うぐらいだ。５００円になるからだ。

百円玉に出てきた０は位取りの意味で使われているゼロである。一の位と十の位では数字がないことを意味している。百の位に１があるが、その従者のような役割しか持っていない。

ゼロの役割は、もう１つある。それは、まさに算数（計算）で使う０である。式で表すと次のようになる（これから少し数式が続くが、辛抱いただきたい）。

$$a+0=a$$
$$a-0=a$$
$$a\times 0=0$$

ただし、０での割り算は禁止されている。たとえば、５を０で割ってみたとしよう。そしてAという値を得たとする。これを式で表すと次のようになる。

$$5\div 0=A$$

そして、両辺に0を掛けて変形すると次のようになる。

$$5 \div 0 \times 0 = A \times 0$$

$$5 = 0$$

5が0に等しいという結果になる。もちろん、これはあり得ない。この計算は不可能である。つまり、有限な数を0で割ってはいけないのである。

ゼロをゼロで割ると……

では、0を0で割ったらどうなるのだろうか？　0は有限な数というよりは、孤立した「概念」だ。仮に、0を0で割ってもよいとしよう。そして、その答えはBになったとする。

これを式で表すと次のようになる。

0÷0＝B

そして、両辺に0を掛けて変形すると次のようになる。

0÷0×0＝B×0

0＝0

0＝0は正しい。しかし、Bは消えた。つまり、答えとして設定したBはどんな数字でもよかったのである。１でもよいし、１３５でもよい。１００万であろうと問題ない。なんでもよいのだ。一言でいえば、不定なのである。

もう１つ、式を見てみよう。0割る0は、同じ0という数で割っているから１になると考えたとしよう。つまり、次式である。

0÷0＝1

この関係を採用すると、次のような式の変形ができる。

$$2=2\times(0\div0)=(2\times0)\div0=0\div0=1$$

なんと、$2=1$となってしまった。これは明らかな間違いだ。したがって、「$0\div0=1$」は正しくないのである。結局、「$0\div0$」は不定なのである。

ややこしくて仕方がない

もう少し、ゼロの厄介さを見ておくことにしよう。まず、「べき乗」を考えてみたい。

たとえば、3を2回掛け合わせる。つまり、$3\times3=9$である。3^2とも表す。つまり、$3^2=9$である。3の右肩に乗った2は「2回掛け合わせる」ことを意味する数字で、べき指数と呼ばれる。3^3ならば3を3回掛け合わせる、つまり$3\times3\times3$で27となる。

ここで、べき乗計算のルールを見ておこう。たとえば、次の例である。

$$3^5 = 3 \times 3 \times 3 \times 3 \times 3 = 243$$

これは次のように分解して考えることもできる。

$$3^5 = (3 \times 3) \times (3 \times 3 \times 3) = 3^2 \times 3^3 = 243$$

つまり、次のようになる。

$$3^5 = 3^2 \times 3^3 = 3^{2+3} = 243$$

では、べき指数が0の場合はどうなるのだろうか。ここで、べき乗の2を0にしてみよう。

$$3^3 = 3^0 \times 3^3 = 3^{0+3} = 27$$

$3^3=27$なので、結局は$3^0=1$となる。つまり、ある数を０乗すると１になるのである。０乗というのは「０回掛ける」という意味だが、不思議なことに１になってしまうのだ。

では、0^0はどうなるのだろう？「０回掛ける」もよく分からなかったが、今度は「０を０回掛ける」のである。まったく、意味不明である。

よく分からないので、とりあえず０の０乗に０を掛けてみる。

$$0^0 \times 0 = 0$$

０を掛けるので、０になる。さらに、これまたやってはいけないことなのだが、両辺を０で割ってみる。すると次のようになる。

$$0^0 \times 0 \div 0 = 0 \div 0$$

$$0^0 \times (0 \div 0) = (0 \div 0)$$

そして、仮に０÷０の答えを１とすると……。

$$0^0 \times 1 = 1$$

$0^0=1$になる。0を0回掛けたら、0になったというのなら話は分かる。しかし、1という数字が出てくるのはおかしい。そもそも0で割るという禁じ手を使って得た結果なので意味はない。したがって、0^0は不定ということにするしかない。

次は「階乗」について考えてみよう。正の整数nの階乗はn以下の正の整数を掛け合わせた値だ。たとえば5の階乗は次のようになる（階乗は!で表される）。

$5!=5\times4\times3\times2\times1=120$である。

では0!はどうなるのだろうか。階乗の定義を利用して考えてみよう。たとえば、5の階乗は次のように表すことができる。

$$5!=5\times4\times3\times2\times1=5\times4!$$

次にこのルールに従って４の階乗、３の階乗と値を小さくしていこう。すると、最後に０の階乗が現れる。

$$4! = 4 \times 3 \times 2 \times 1 = 4 \times 3!$$
$$3! = 3 \times 2 \times 1 = 3 \times 2!$$
$$2! = 2 \times 1 = 2 \times 1!$$
$$1! = 1 \times 1 = 1 \times 0!$$

つまり、$0! = 1$なのである。これまた理解に苦しむ結果であるが、$0! = 1$は定義として受け入れられている。実際のところ、0^0や$0!$を日常生活で使うことは皆無に等しいので問題はない。ただ、それにしてもゼロが絡むとややこしい。

文明	導入時期	使い方		
		個数	位取りを表す記数法 桁を表す記号	ゼロを用いた計算 性質
バビロニア[*1]	紀元前２世紀	×	○	×
マヤ[*2]	１世紀	×	○	×
インド[*3]	６～７世紀	○	○	○

*1 60進法による位取りが行われていた。季節や都市の経過を計算するのに用いられ始めたのは紀元前1800年頃とする文献もある（ジェレミー・ウェッブ編『「無」の科学』）。

*2 20進法による位取りが行われていた。

*3 インドでは位取り記数法は６世紀頃に導入されていた。本格的なゼロの使用は７世紀になって数学者のブラフマグプタが行っていたとされる。

表１-１　ゼロの導入の歴史

それでも便利なゼロ

ここまで紹介したゼロの使い方を表１‐１にまとめておこう。ゼロが整備されたのはインドであると考えられている。そのインドでもゼロという概念が数字で表されるまでには、いろいろな経緯があったようだ。

ちなみに、インドやアラブ世界ではゼロが受け入れられたが、ヨーロッパではそうはいかなかった。どういうことかというと、たとえば「静かな部屋」を想像してほしい。「静か」ということは音がないことだ。音がないのなら無音という音を導入する必要はない。であるならば、数がないことに対して数を設定する必要があるのか。そういう考え方だったのだ。また宗教的にも「無」は嫌われていた。実際にゼロの概念がヨーロッパで受け入れられ始めたのは17世紀頃だ。その先駆けは哲学者で数学者でもあるルネ・デカルト（１５９６‐１６５０）だ。彼は平面上の座標を示す際にx軸とy軸の交点、つまり原点の座標を$x=0$、$y=0$とした。

話が少しそれてしまった。元に戻そう。図１‐１（32ページ）を見てお分かりのように、ゼロに至る道はそれほどシンプルではない。実際のところ、ゼロに込められた意味は複数ある。数字の０はシンプルだが、私たちはゼロを使ってさまざまな概念を伝えることができる。ただ、便利ではあるが、使い方には注意が必要だ。フランスの偉大な数学者ピエール＝シモン・ラプラス（１７４９‐１８２７）も次のような言葉を残している。

> この概念は、あまりに単純明快に見えるために、私たちがその真の長所を見過ごしてしまっている意味深い重要な概念である。だが、まさにその単純さのおかげで、また、この概念によってあらゆる計算が容易になっているおかげで、私たちの算術は第一級の発明になっているのだ。

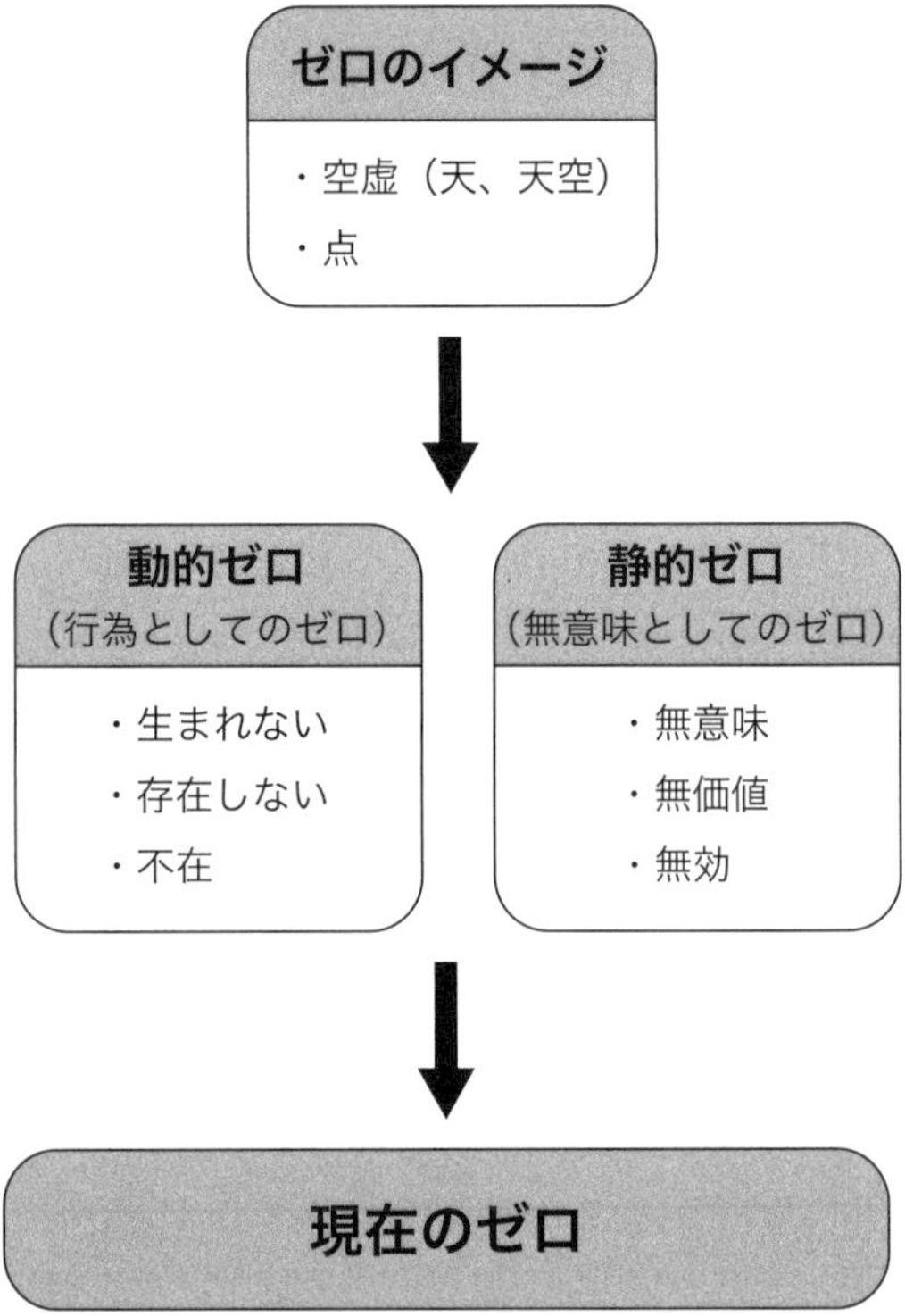

図1-1　現在のゼロの概念ができるまでの経緯

ジョン・D・バロウ『無の本』の図表1.27をもとに作成。

（チャールズ・サイフェ『異端の数ゼロ』より）

たしかにその通りだ。ゼロがなければ数学や物理の問題を解くことはできないだろう。また、図1‐1に示したようにゼロは存在の反対である「非存在」も意味する。たとえば「この部屋にいるのはゼロ人だ」という文章は、部屋には誰もいないことを意味している。人が存在しないことを示しているのだ。やはり、ゼロは便利である。

ゼロはどこからくるのだろうか。ゼロの源泉はどこにあり、ゼロの住みかはどこにあるのだろうか。そうなのだ、ゼロの場所は隠されていて、秘密の場所にある。それは、人間の心のもっと重く深いところにあり、そこからゼロの生命は溢れでるのだ。

この文章はキルケゴールの『愛のわざ』より採ってきたものだが、「愛」を「ゼロ」に置き換えてある（佐藤文隆・高橋義人『10代のための古典名句名言』より）。ゼロは人の心の中にはある。かくいう私の心の中にもある。一方で、この宇宙にゼロは本当にあるのだろうか。それが最も知りたいことだ。

ゼロは発見されたのか

ところで、一般にゼロは発見されたと考えられている。しかし、それは本当だろうか？もし、この宇宙に実質的な意味でのゼロがあるのであれば、それは発見といえるだろう。ところが、そもそもそういうゼロがないのであれば、発見という表現は適切ではない。

一番適切な表現は「ゼロの導入」であろう。つまり、位取りや算術の都合上、ゼロという数字があったほうが便利なことに人類は気がついたのである。そこで、日常の計算にゼロを導入したということだ。

ただし、私たちがゼロを使っているからといって、宇宙にゼロがあるかどうかは分からない。それはまた別の問題である。

１-２　ややこしい無限

子供の頃の思い出

では、今度は、無限について考えてみよう。無限という言葉は、日常生活でもときどき使われることがある。たとえば、「私のパワーは無限大だ！」などと叫ぶ人がいる。

個人的な思い出ということであれば、子供の頃に見たテレビアニメ『８マン』（エイトマン）が頭に浮かんでくる。小学３年生から４年生の頃のことだった。

主題歌の中に「ゆこう無限の地平線」というフレーズが出てきたのだ。その部分が大好きで、よく口ずさんだ。たしかに大地を駆けていけば、どこまでも行けるような気がする。海があっても、気にせず行けばよいのだ。

ただ、実際はずっと行けば出発点に戻ってしまう。地球の表面をなぞっただけだからだ。地球は半径が約６４００キロメートルのほぼ球のような形をしている。円周は、計算すると約４万キロメートル。明らかに有限である。したがって「無限の地平線」という表現は少しおかしい気もする（もちろん子供の頃は気にならなかった）。一方で、球の表面には境界がない。言葉を変えれば限りが無い。そのため、「ゆこう無限の地平線」は論理的に正しいと見ることもできるかもしれない。

　歌で思い出したが、子供の頃、『線路は続くよどこまでも』という歌が好きだった。てっきり日本の歌だと思っていたが、じつはアメリカ合衆国の民謡である。原曲名は『I've been Working on the Railroad』。このタイトルから分かるように、アメリカ大陸横断鉄道の建設に携わった作業員たちが歌っていたものである。日本語訳は佐木敏であり、日本でも１９６０年から歌われるようになったとのことだ。

　この歌の歌詞には「続くよどこまでも」という言葉がある。どこまでも続くのであれば、それは無限である。もちろん、無限を意識して作られた歌ではないとは思うが、線路は人の郷愁を誘う。そして、線路を見ると、どこまでも続いているように感じるのかもしれない。

絵画に感じる無限

線路がどこまでも続いているように感じるのは「遠近法」が絡んでいる。

駅のプラットホーム、あるいは踏切の近くで線路を眺めることを想像してほしい。目の前には2本のレールが平行に敷かれているが、遠くを見れば見るほど、レールの間隔は狭く見える。実際には平行のままなのだが、遠くを見ると、レールを見る角度が小さくなっていく。そのため、間隔が狭くなっているように見えるのだ。これが遠近法の効果である。レールがカーブせずにかなりの距離でまっすぐ敷かれている場合、私たちにはレールがどこまでも続いているように見える。これが線路に無限を感じる原因になっている。

「遠近法」のテクニックに「一点透視図法」がある。そのよい例の1つが、レオナルド・ダ・ヴィンチ（1452‐1519）の『最後の晩餐』だ（図1‐2、38ページ）。消失点はキリストの頭の部分にくることが分かる。これはもちろん意図して、そうなっているはずだ（秋田麻早子『絵を見る技術』より）。

遠近法の作法には「直交パターン」を利用する方法もある。これをフィンセント・ファン・ゴッホ（1853‐1890）の『夜のカフェテラス』を例に見てみよう（図1‐3）。

図1-2　レオナルド・ダ・ヴィンチの『最後の晩餐』に見られる「一点透視図法」

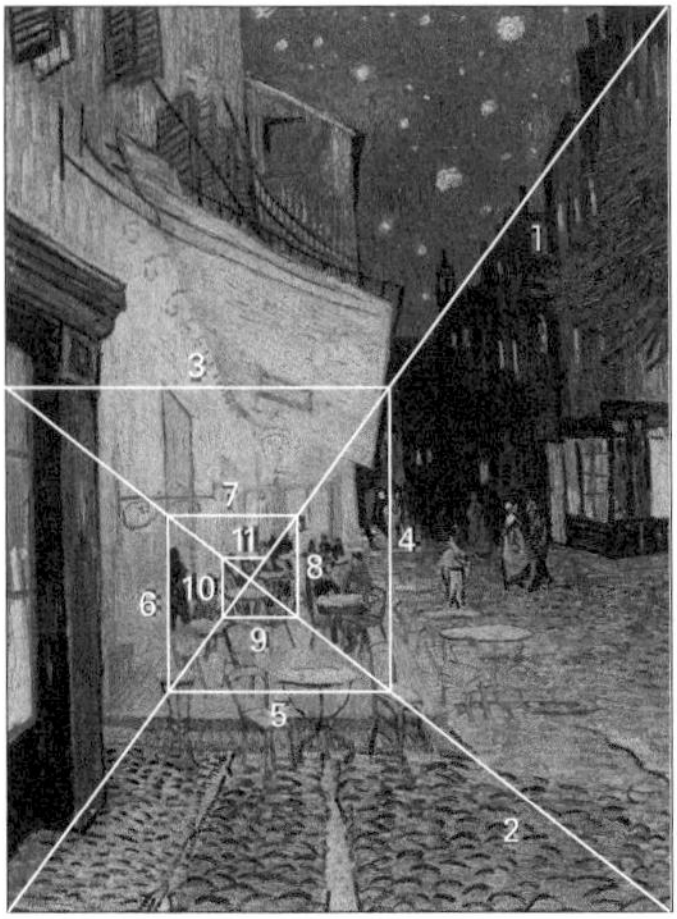

図1-3　フィンセント・ファン・ゴッホ『夜のカフェテラス』に利用されている「直交パターン」

まず、右上の角から左下の角へと向かって対角線1を引く。続いて、これに直交する線2を引く。この線を絵の左端まで延ばし、その交点から水平に線1にぶつかるところまで線3を引く。以下、同様にして、線を引いていく。すると、どうだろうか。相似形の長方形が入れ子状にできていく。螺旋階段ならぬ、回転しながら収束していく螺旋長方形のような光景ができていくのだ（秋田麻早子『絵を見る技術』より）。この図では線11までしか引いていないが、中心は線1と線2が交わる点になる。

この方法だと、先ほどの「一点透視図法」とは異なる点へと収束していく。どちらかといえば、「直交パターン」のほうが、落ち着いた雰囲気の点へと収束していくように見える。ただ、いずれにしても、遠近法の収束点（消失点）は無限の彼方があるかのように思わせてくれる。

分数で無限を感じるとき

「数学的」な無限というものがあるのかもしれないと思ったのは、小学生の算数で分数を習ったときのことだ。

1を2で割ると1／2。これは0・5になる。ところが、1を3で割ると困ったことが起こる。分数で書けば1／3だが、割り算をすると0・33333……となり、3が際限なく続くことになってしまう（循環小数）。限りが無い。これは、まさに無限を意味する。

同様にして割り算を続けてみよう。

1÷4＝1／4＝0・25
1÷5＝1／5＝0・2
1÷6＝1／6＝0・166666……
1÷7＝1／7＝0・1428571……
1÷8＝1／8＝0・125
1÷9＝1／9＝0・111111……
1÷10＝1／10＝0・1

調べてみると、スッキリした答えが出てくる場合と、そうでない場合があることが分かった。小学生の自分には、なぜそうなるのかよく分からなかったが、循環小数などに無限を感じ取った。読者の皆さんもそう感じたのではないだろうか。

見えない無限

分数で無限を感じたとはいえ、子供の頃、無限について真剣に考えたことはない。また、考えたとしても分からなかったと思う。なぜなら、無限を一度も見たことがないからだ。だいたいの事柄は、「百聞は一見にしかず」である。物事の本質を見抜くには、見るのが一番なのだ。しかし、無限を見ることはない。見ることはできないといったほうがよいかもしれない。

では、なぜ、見ることができないのだろうか？　考えられる答えは３通りある。

①　そこらにありふれたものだが、たまたま、まだ見ていない。

②　極めて珍しいものなので、巡り合うチャンスがほとんどない。

③　そもそも存在しないので、見ることはできない。

どれが正解だろう？　無難な答えは②だろう。しかし、最近思うのだ。正解は③なのかもしれない、と。ただ、それも私のような凡人の考えることらしい。イタリアのガリレオ・ガリレイ（1564‐1642）は『新科学対話』の中で、無限について語っている。

サグレド　そうなると一体、結論はどうなるのでしょうか。

サルヴィヤチ　私には凡ての数の総体は無限であり、平方数の数も無限であり、その根の数も無限であり、平方数の数が凡ての数の総数より少ないということも、また後者が前者より多いということもなく、最後に「等しい」、「多い」、「少ない」という属性はただ有限量のみにあって、無限量にはない、としか言い得ません。（中略）

一つの線分は他の線分より多くの、あるいは少ない、あるいは等しい点を含んではいない、しかし、各線分は無数の点を含んでいる、と答えます。

（ガリレオ・ガリレイ『新科学対話（上）』より　註：現代語表記に変更）

『新科学対話』には3人の人物が出てくる。この文章に出てくるサグレドはヴェネチアの市民であり、サルヴィヤチは新しい科学者である。もうひとり、ここには出てこないシムプリチオはアリストテレス哲学に通じた学者で対話の中では非難される役割を担っている。なお、ここで出てきた平方数とは同じ数字を掛け合わせて（つまり2乗）得られる数字である。たとえば、2や3を2乗すると、それらの平方数となる4や9になる。逆に4と9から見ると、2と3はそれぞれの根《こん》になる（記号では√と表す）。

ガリレオの考察は普通の人には直感的に理解しにくいものである。ガリレオといえば地動説の擁護や、望遠鏡で宇宙を初めて観察した人として有名だ。しかし、『新科学対話』や『天文対話』を読むと、驚くほど高いレベルで物理や数学の議論をした人だったことが分かる。

ガリレオの語った言葉には、ほかにも有名なものがある。

> 自然という書物は数学の言葉で書かれている。

ガリレオは本当にこう思っていたのだろう。このような考え方は現在も受け継がれている。

名称	特徴
可能無限	有限な数を増やして作られる無限（可算無限集合）
実無限	最初から無限の状態にある無限（非可算無限集合）

表1-2　無限の種類

無限は何個ある？

ここで、もう1つ疑問がある。無限は何個あるのだろうか？あるいは、何種類の無限があるのだろうか？　普通に考えれば、無限は無限である。1個しかないといいたいところだ。

数学者は無限を知っている。そこで、数学者の意見を聞いてみよう（表1-2）。なんと、無限は1つではないというのだ。

普通、イメージしやすいのは可能無限だろう。1、2、3、4、5……というように、どんどん数字を大きくしていった先に、無限があるという考え方だ。古代ギリシア時代、アリストテレス（BC384-BC322）はすでにこの考え方で無限について議論していた。無限には近づくことはできるが、到達することはできないという位置づけをしていたのである。

その例として分かりやすいのは、宇宙の果てだ。私たちはこの宇宙が無限であると考えることがある。この場合、宇宙の姿はどうなるのだろうか？　アリストテレスの考えだと、宇宙の外側を調べると必ず何か物質があり、それが際限なく続くことになる。

集合論

　もう少し別の視点でも無限を考えてみよう。

　ドイツの数学者ダフィット・ヒルベルト（１８６２－１９４３）は無限の理論を説明する面白いアイデアを１９２４年に提案した。「ヒルベルトの無限ホテルのパラドックス」と呼ばれているものだ。

　部屋の数が無限にあるホテルがあった。その日は満室だったが、そこに１人の客が訪れた。「部屋はありますか？」。客がそう尋ねると、満室なのにこのホテルはその客を受け入れた。ホテルの支配人はすべての宿泊客に番号が１つだけ大きな部屋に移動するように頼んだのだ。これで１号室が空いたので、新たな客を受け入れることができた。無限大に１を足しても無限大。だからこのホテルは困らないのだ。

実は、無限に多い人たちを乗せたバスが到着しても、問題はない。すべての客に部屋の番号を2倍した部屋に移動してもらうのだ。すると、すべての客は偶数番号の部屋に移ったので、奇数番号の部屋が全部空いた。バスで到着した無限の人たちは奇数番号の部屋に宿泊することができる。無限大を2倍しても無限大。すごいホテルだ。

こうしてみると、無限大は1つではない。話は複雑になりそうだ。そこで、無限の問題を考えるときに便利な概念がある。それは「集合」だ。ある種の数を集めたものを1つの集合と考える。村のようなものである。ヒルベルトのパラドックスを紹介したが、部屋番号を「数」、ホテル全体を「集合（村）」と考えるようなものだ。部屋に着目すれば数を数えていくが、部屋の集まりであるホテルそのものに着目するのだ。

たとえば、自然数（1、2、3……）が集まったものは自然数の集合とする（自然数村だと思えばよい）。同様に、整数（±1、±2、±3……）の場合は整数村、奇数だったら奇数村、偶数だったら偶数村を作ると考えるのだ。そして、村の大きさや性質を比較する学問を集合論と呼ぶ。ここで紹介した村の大きさは、じつはすべて同じだ。小さいものから順に同じ村に入れるものをどんどん集めていくと、どの村も結局は同じ大きさの無限になる。

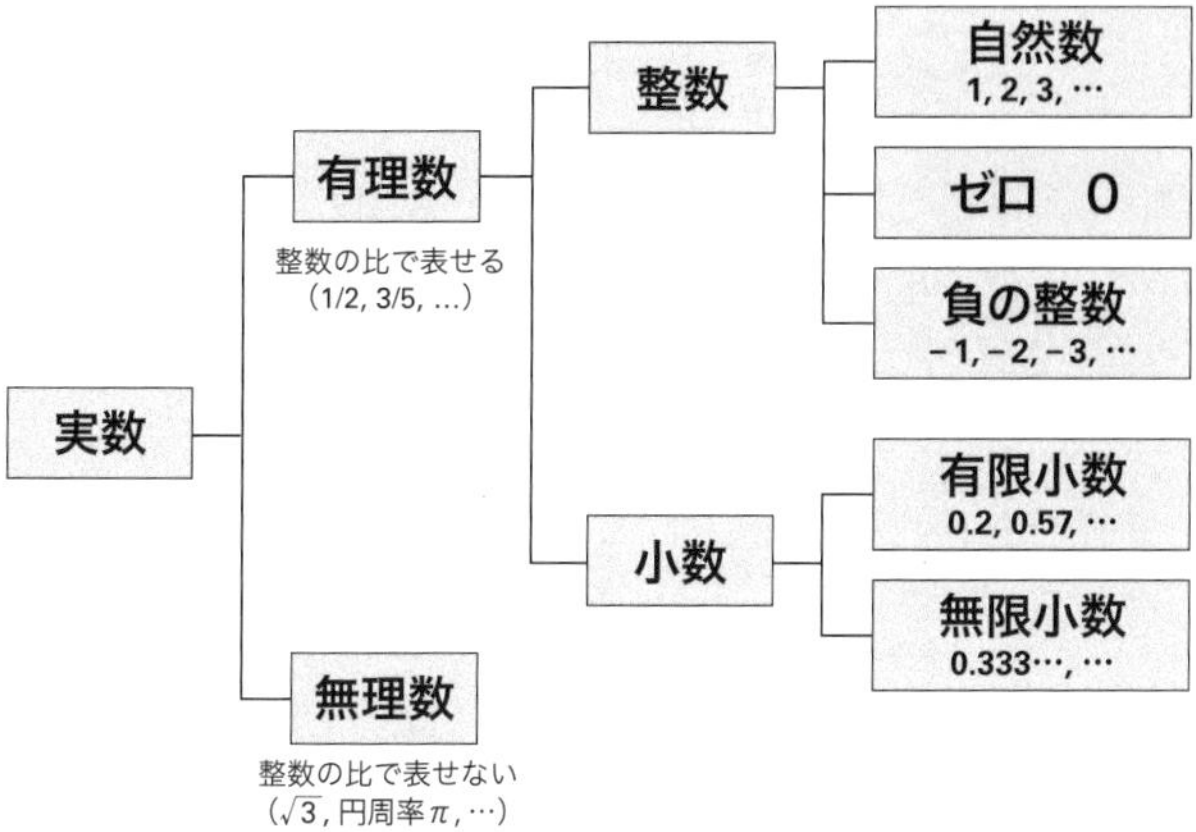

図１-４　数字の分類とその意味

無限の大小関係

他方で、ドイツの数学者であるゲオルク・カントール（１８４５-１９１８）は、集合論を用いて別の無限の姿を描いた。なんと無限にも大小関係があるというのだ。

普通に考えると、無限にランクがあるとは思えない。つまり、無限という１つの概念だけがあり、大きさを議論することはできないように感じる。なにしろ、見ることができないからだ。しかし、数学的な論理の世界では無限を見ることができるということだ。

その一端を感じるために、先ほど紹介した集合論をもとに実数（図１-４）を考えてみよう。直線（線分）を想像してほしい。そこに座標を振って、ある区間を選ぶ。たとえば、1から2の区間、14から17の区間。区間はどう選んでもよい。では、この区間に含まれている実数は数えられるだろうか？　どんどん小さな微小区間まで数えていったとしても、どの区間にも数え切れないほどの実数がある。番号をつけて数えるわけにはいかない。まさに、きりがない。したがって、実数村は番号づけができる自然数村などより大きい、つまり無限にも大小関係があるというのだ。

　無限の姿が少しでも想像できただろうか。ここまで読んできてお分かりのように、数学者の語る無限は理屈が難しい。カントール自身、うつ病を患いながら無限について考えた。天才にとっても、無限はそれだけ手強《てごわ》い存在なのである。

　数学者の中には無限を嫌った人もいた。カントールの指導教官であったドイツの数学者レオポルト・クロネッカー（１８２３-１８９１）だ。彼の無限嫌いが垣間見える有名な言葉が残されている。

　神は整数を創ったが、それ以外の数は人間が作ったものである。

（イアン・スチュアート『無限』より）

この言葉の中で用いられている「整数」は自然数を意味している。クロネッカーのこの言葉を信用すると、ゼロと無限は人間の作った言葉になる。

ただ、いずれにしても、無限という言葉は人の心の中にはある。これだけは確かである。なにしろ、古代ギリシア時代から議論されていたことなのだ。

有限な世界に無限はあるのか？

ここまで数学的な無限に関して述べてきた。数学の世界にはたしかに無限が存在するようだ。そして、無限は何種類もあり、いずれも存在するということになっている。

一方で、ここで私には1つの疑問が浮かんでしまった。宇宙が有限だとしたとき、原理的な問題として有限な宇宙に無限は存在できるのだろうか。論理的に考えると、それは不可能のように思える。もし無限がいくつも存在できるとすれば、この宇宙は有限ではなく、無限のほうが都合がよいだろう。しかし、それでよいのだろうか。難しい問題である。考えるべき重要なテーマではあるものの、すぐに明快な答えを得ることは難しい。

この宇宙に無限はあるのか？

この疑問を胸に秘めつつ、宿題ということにして、先に進もう。

第2章

宇宙に無限はあるか

エルピーノ　宇宙が無限だなどということがどうしてあり得ましょう？

フィロテオ　宇宙が有限だなどということがどうしてあり得ましょう？

エルピーノ　この無限が証明されると思うのですか？

フィロテオ　この有限が証明されると思うのですか？

エルピーノ　どのような拡がりなのだろう？

フィロテオ　どのような縁《へり》に囲まれているのだろう？

――ジョルダーノ・ブルーノ『無限、宇宙および諸世界について』より

２‐１　これまでの宇宙観

宇宙に思いを馳せた人たち

前章でも少し述べたが、無限という考え方は、なんと古代ギリシア時代まで遡ることができる。ミレトス学派のアナクシマンドロス（ＢＣ６１０頃‐ＢＣ５４６頃）は万物の起源を「アペイロン」としたが、この言葉が無限を意味していた。

その後、哲学者エピクロス（ＢＣ３４１頃‐ＢＣ２７０頃）を祖とするエピクロス派の人たちは無限の宇宙を考え始めた。一方で、哲学者ゼノン（ＢＣ４９０頃‐ＢＣ４３０頃）を祖とするストア派の人たちは、有限の宇宙を考えていたようだ（図２‐１、54ページ）。古代ギリシア時代からすでに「宇宙は有限か無限か」という宇宙の大きさに関する議論があったのは驚きである。ただ、当時は、宇宙は有限という考えのほうが主流だったようだ。

時代は変わって、ここから中世の宇宙観を振り返ってみよう。中世に入ってようやく天動

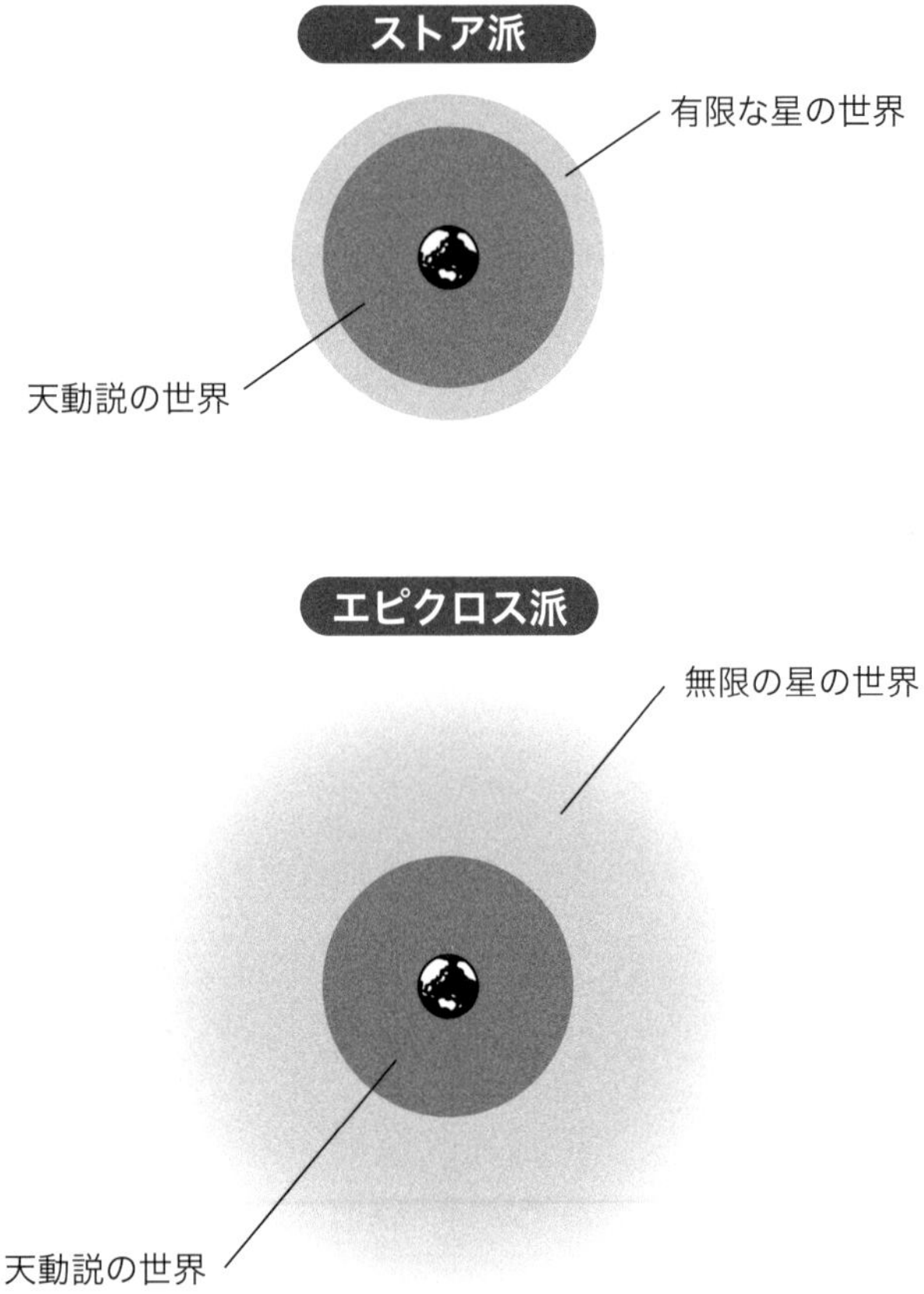

図2-1　古代ギリシア時代の宇宙観

当時の宇宙観は天動説なので、中心は地球を示してある。これらとは別にアリストテレスを祖とするアリストテレス派の人たちは月より内側の世界を地上界、その外側を天上界とした。全体的な宇宙の構造はストア派と同様に有限の宇宙を考えていたようである。

説から地動説への転換が行われた。古代ギリシア時代から宇宙の中心にあるのは地球だと考えられていたが、それが太陽に置き換わったのである。地動説を提唱したコペルニクス（１４７３-１５４３）は、星の世界は太陽系の外側にあり、その大きさは有限であると考えていた。

その後、星の世界は無限に広いというアイデアを提唱する人が出てきた（図２-２、56ページ）。イギリスの物理学者トーマス・ディッグス（１５４６-１５９５）である。ディッグスはコペルニクスの著書である『天球の回転について』を英訳した人だ。ところが、それは単なる翻訳ではなく、「星の世界は無限である」というアイデアをつけ足していったものだった。のちにその翻訳はタイトルがアレンジされ、１５７６年に『天界論』と題されて出版されている。原著にない記述をつけ足して翻訳本が刊行されたことには驚くが、実際にあった話だ。

ディッグスと同時代には、ほかにも無限の宇宙に想いを馳せた人がいる。ジョルダーノ・ブルーノ（１５４８-１６００）とウィリアム・ギルバート（１５４４-１６０３）である。

ブルーノはイタリアのドミニコ会の修道士だが、いち早くコペルニクスの地動説を受け入れた人でもあった。科学者ではないが、自然哲学にも長けていた人だ。その証拠に『無限、

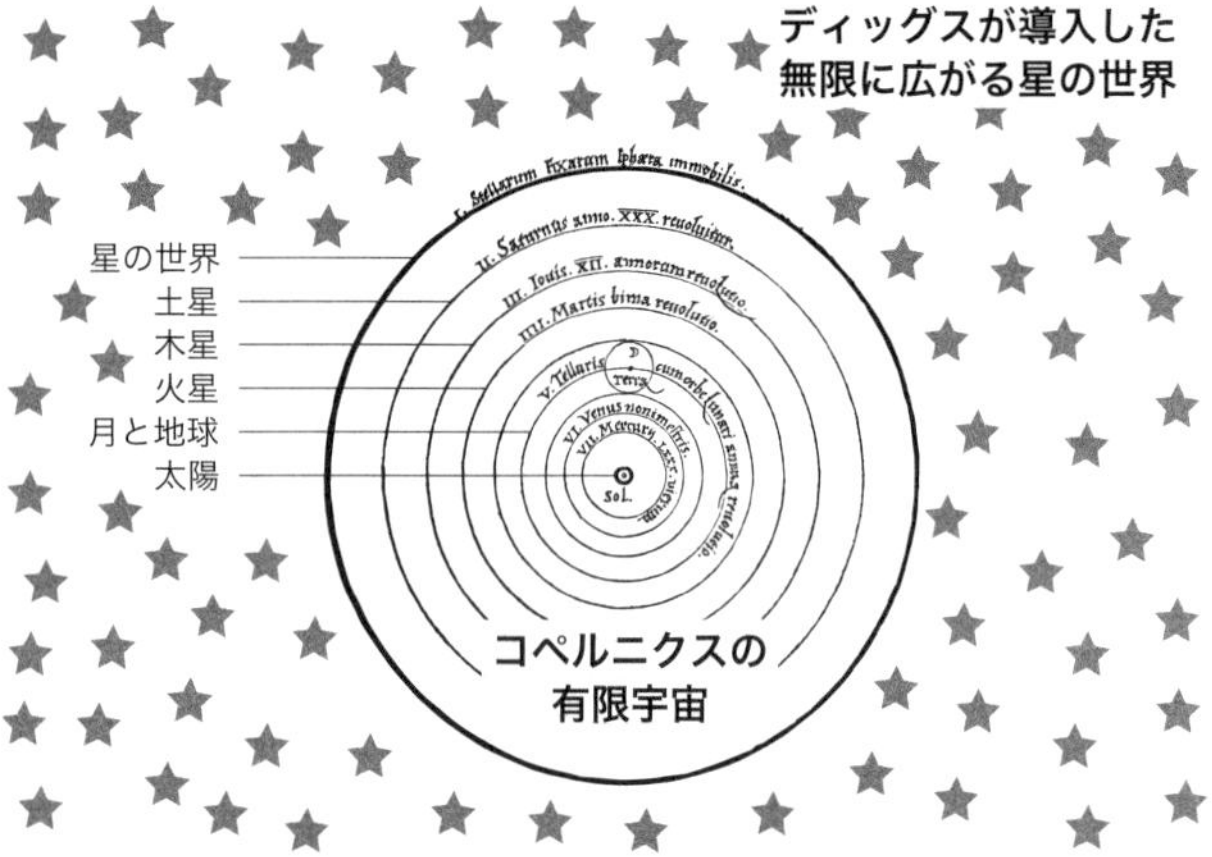

図2-2　トーマス・ディッグスが提案した宇宙像

コペルニクスの描いた有限宇宙は太枠の内側まで。ディッグスはその外側に無限に広がる星の世界があると考えていた。コペルニクス『天体の回転について』の図をもとに作成。

宇宙および諸世界について』（1584年）という著書がある。彼は「宇宙は無限である」と考えていた。ただ、ブルーノのいう宇宙は天の川のことを指す。天の川が無限に広く、無限個の星々があるという考えだったのだ。

　ブルーノのすごいところは、太陽、そして太陽系は特別なものではないとしたことだ。宇宙に特別な場所はなく、太陽のような星が宇宙に広く分布していると考える。すると、地球という惑星も特別ではなくなる。さらに突き詰めると、人類も特別な存在ではなくなる。

ただ、こうなると当時の教会は黙っていなかった。ブルーノは火《ひ》炙《あぶ》りの刑で命を落とすことになる。極めて残念な死だ。今の時代であれば、ブルーノの考えはおおむね正しい。

一方のギルバートは修道士ではなく、物理学者だった。彼もいち早くコペルニクスの地動説を理解した慧眼《けいがん》の持ち主である。そして、物理の分野では琥珀《こはく》が静電気を帯びることに着目し、静電気や磁気の研究などを行った。ちなみに「電気」という言葉（ラテン語）を作った人でもある。ただし、それは「琥珀のような物質を引きつける性質」のことを指している。

ギルバートは惑星の運動を司る力は磁力ではないかと考えた。ニュートンの万有引力（重力）が提案されるまで、ギルバートの説は多くの天文学者の興味を引いたアイデアだった。なぜそう考えたのか。それは、電磁気力の強さが物体間の距離の2乗に比例して弱くなる性質のせいである。これはまさに重力の性質と同じだ。そして、そのギルバートもディッグスとブルーノの影響を受けて、宇宙は無限に広いと考えていた。

万有引力が示唆すること

ただ、ここまでの人類の宇宙観は科学的事実や物理学の理論に基づいたものではなかった。コペルニクスの地動説は惑星の観測に基づいていたが、宇宙観そのものは形而上学的なものである。

そんな中、宇宙の無限性を匂わす物理法則が見つかる。ニュートンによってまとめられた万有引力の法則である。

私たちは、高校の物理の授業で運動方程式や万有引力のことを習った。これらの理論はイギリスの物理学者アイザック・ニュートン（１６４２-１７２７）によって17世紀に構築されたものである。運動方程式を使えば、投げ上げたボールの運動が分かる。重力の理論は20世紀に入ってから、アルベルト・アインシュタイン（１８７９-１９５５）の構築した一般相対性理論に取って代わられたものの、ニュートン力学は身の回りで起こる出来事をよく説明できたのだ。実際、私たちは高校時代に、物理で習ったニュートンの運動方程式を用いれば、投げ上げたボールの行方など多くの現象を理解することができて感動したものだ。

そして、ニュートンの万有引力は天体の運動も説明することができた。

太陽系の惑星の運動については、それまでにドイツの天文学者ヨハネス・ケプラー（１５７１－１６３０）が火星の観測データを読み解き、３つの法則を発見していた。ケプラーの法則である。

第一法則：惑星は太陽を１つの焦点とする楕円軌道上を運動する。

第二法則：惑星と太陽を結ぶ線分が一定時間に描く面積は常に同じである。

第三法則：惑星の公転周期の２乗は軌道長半径の３乗に比例する。

この法則は観測データに基づく経験則だが、ニュートンの万有引力を用いると理論的に理解できることが分かったのである。

ところが、１つ困ったことも起きた。

宇宙にあるすべての星は質量を持ち、万有引力でお互いに引き合う。とすると、長い時間はかかるが、いずれすべての星々が近づき、合体していくことになる。しかし、夜空の星々を見ていると、そういうことは起きていないように思われるのだ。

この事態を回避する方法が１つある。宇宙の大きさが無限であればよいのだ。この場合、宇宙には無限個の星があり、お互いに万有引力で引き合うが、無限個の星があるのでバランスが取れて、宇宙は平穏に保たれることになる。

ゼーリガーのパラドックス

しかし、本当に宇宙は無限によって平穏が保たれているのだろうか。

宇宙に無限個の星があれば、地球はそれらのすべての星の重力に引っ張られる。それなら、地球は引き裂かれてしまうのではないだろうか。しかし、幸いにもそうはなっていない。なぜだろうか。この疑問は、ドイツの天文学者フーゴ・フォン・ゼーリガー（１８４９－１９２４）によって指摘されたもので、「ゼーリガーのパラドックス」と呼ばれている。

もちろん、実際に地球が星々の重力で引き裂かれることはない。そもそも、重力は瞬時に伝わるわけではない。電磁波と同様に光速で伝わる。したがって、星が無限にたくさんあっても、重力の効果が働く範囲は限られている。それに、宇宙にある星の数は少ないので（少ないといっても10^{23}個程度はあるのだが、無限個ではない）、このパラドックスは回避されるので安心してほしい。

無限宇宙の有限な星々？

ここまでで述べたように、無限宇宙という考え方を採用する人たちは古代ギリシアの時代からいた。ただ、それぞれが同じ無限宇宙の姿を想像していたかといえば、そうではない。無限は無限でも、じつは２つの宇宙観が存在していた。

１つ目の無限宇宙のイメージはディックスの描像だ（図２‐２、56ページ）。無限に広がる宇宙に、無限の星々が一様に存在しているというものである。そして、２つ目の無限宇宙はハイブリッド型の宇宙観である。そこでは、無限宇宙の中に星々が存在する有限な領域を考える（図２‐３下、62ページ）。

このようなハイブリッド型の宇宙観も一定の人気を得た。たとえば、ケプラーもこの考えを受け入れた１人である。すでに述べたようにケプラーは太陽系の惑星の運動を調べてケプラーの法則を構築した人だ。そのケプラーは有限の宇宙を好み、星は夜空を明るくするほど

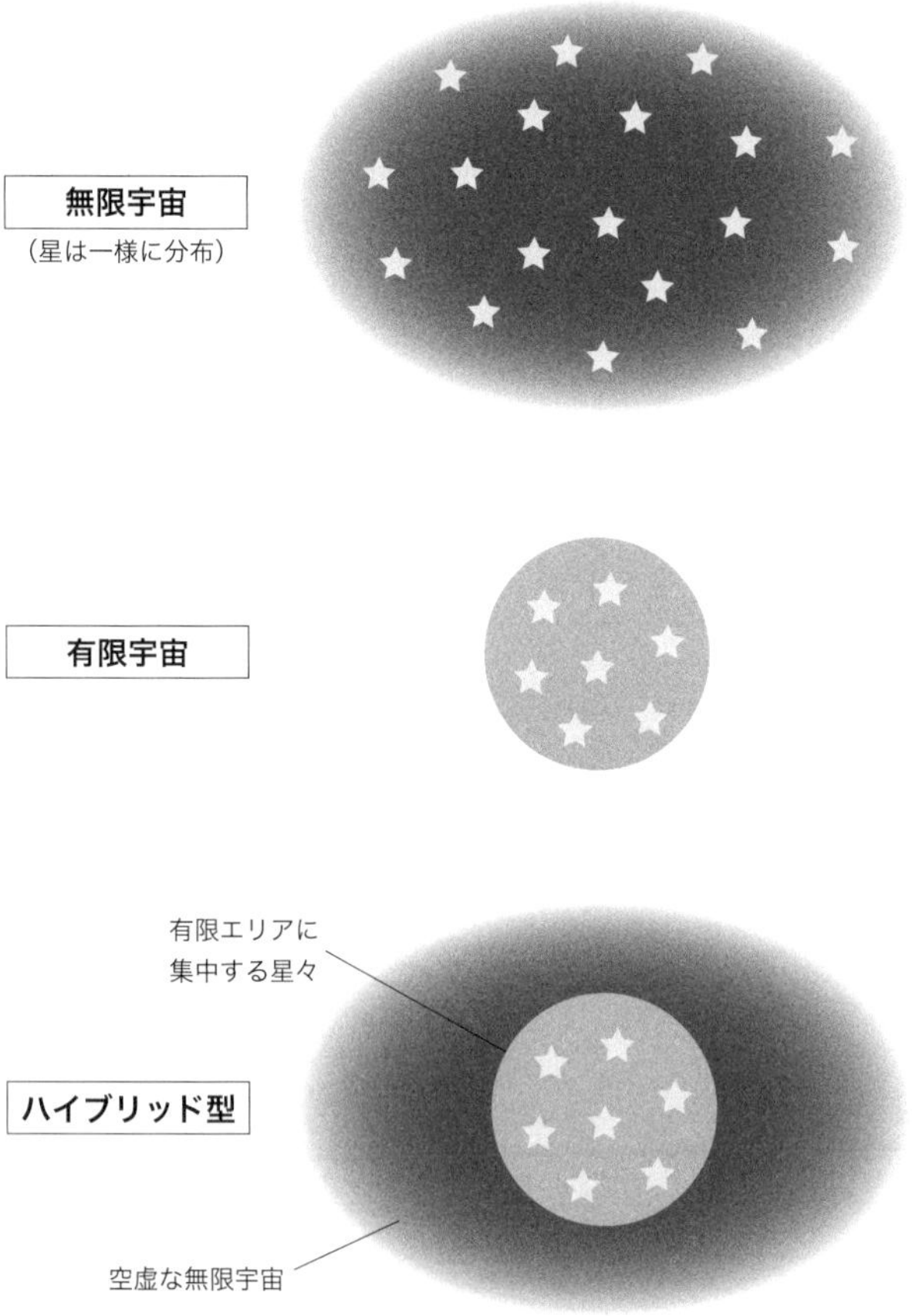

図2-3　考えうる宇宙の3つの姿

上は星々が一様に分布する無限宇宙、中央は大きさに限りがある有限宇宙、下は無限宇宙に星々が存在する有限のエリアを据えるハイブリッド型の宇宙を示す。

には存在しないと考えていた。定量的な議論はしていなかったものの、ケプラーの考え方は基本的には正しかったのだ。ただ、当時はこの考え方を定量的に示す方法はなかった。

2-2　夜空と無限を巡る謎

オルバースのパラドックス

先ほど「ゼーリガーのパラドックス」を簡単に紹介したが、宇宙についてはほかにも有名なパラドックスがある。それは「オルバースのパラドックス」と呼ばれるものだ。これは「無限」が深く関係するパラドックスだ。その名前はドイツの天文学者ヴィルヘルム・オルバース（1758-1840）に由来する。

宇宙が無限に広いとしよう。星は無限個あり、この宇宙の中に一様に分布している。ここまでは仮定である。では、もしこの仮定が正しければ、どの方向を見ても私たちは必ず星を見ることになるはずだ。当然、そこから予想されるのは、それらの星で夜も昼間のように明るく見えることである（図2－4）。しかし、夜空は暗い。なぜだ。これがオルバースのパラドックスである。

そもそも無限宇宙と無限個の星という仮定をすると、夜空が明るく輝くことが想像しにくいかもしれない。そこで、まずはその説明をしておこう。

距離 r 離れたところに光度 L の星があるとしよう。星の光度は単位時間あたり星が放射する光のエネルギーである。星からの放射は星からの距離が遠くなるにつれて弱くなる。ある星を観測すると、星の光の強度 F は次の式で与えられる。

$$F = L/(4\pi r^2)$$

つまり、星の光度は星からの距離 r の2乗に比例して弱くなっていく。

ある1個の星を観測するとき、私たちはその星からやってくる光の強度をこのように測定し、星の等級を決めている。そして「あの星は一等星だ」というように表現する。

一方で、夜空の明るさを決めるときは、少し異なる方法で決めている。それは1個の天体（星）の明るさではなく、夜空の輝度を観測するのである。この輝度（正しくは表面輝度）は、

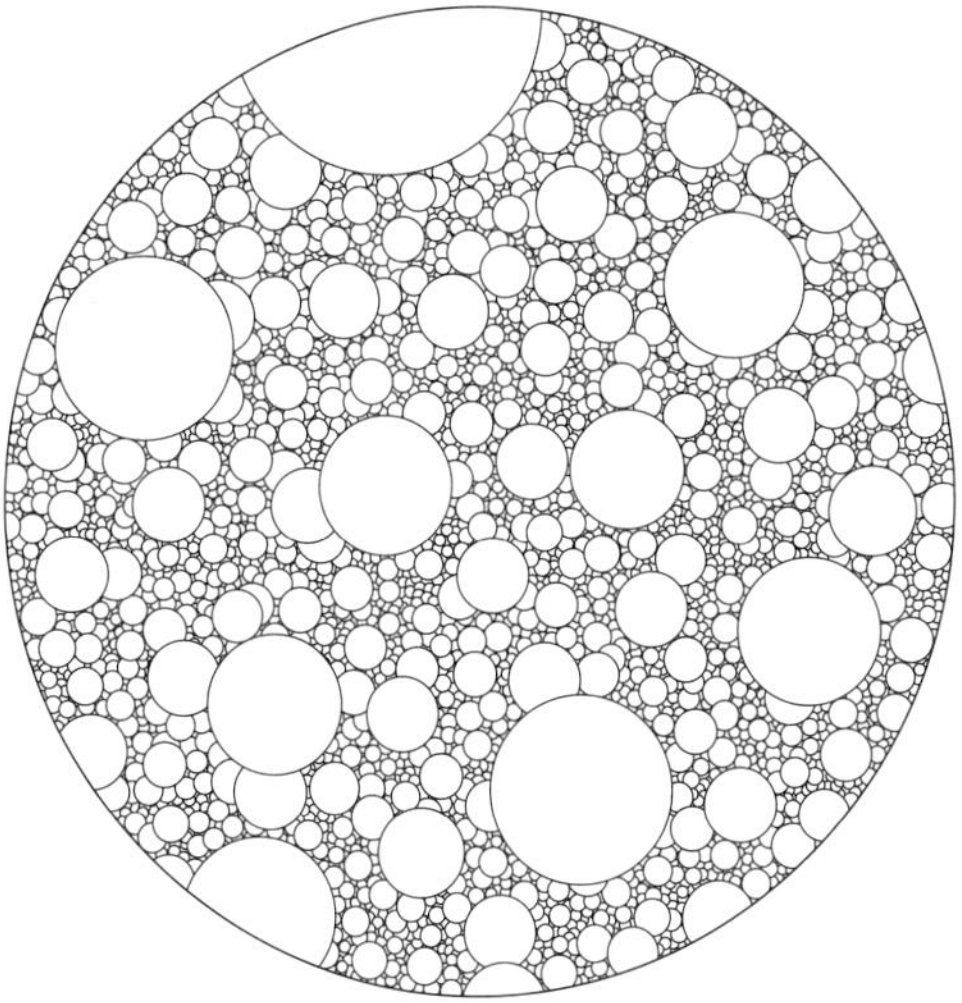

図2-4　全天が星で覆い尽くされた夜空

無限宇宙にある一様に分布した無限の星々を想定すると、地球にはあらゆる方向から星の光が届き、夜空は煌々と輝いているはず。エドワード・ハリソン『夜空はなぜ暗い？』中の図表をもとに作成。

単位面積あたりの明るさだ。たとえば、1度四方（1度×1度＝1平方度）の夜空を観測したとき、1等級の明るさであったとしよう。このときの夜空の輝度は1等級／平方度であると表現する。

では、このようにして夜空を輝度という観点で眺めてみよう。

図2-5を見ると分かるように、遠くにある層では含まれる星の個数が距離の2乗に比例して増えていく。ところが、その層に含まれる星々からの放射強度は距離の2乗に反比例して弱くなる。そのため、これら2つの効果が相殺して、輝度はどの層を見ても同じになってしまうのだ（図2-5）。したがって、宇宙が無限に広く、星もその数が無限で一様に存在していれば、夜空はどの方向を見ても同じ輝度で観測され、全体として明るく見えることになる。ところが、夜空は暗い。こうして私たちはオルバースのパラドックスに出会うことになるのだ。

一方で、その夜空の明るさも無限大になるかというと、そんなことはない。

地球の近くにある星々から夜空をどんどん埋めていくとしよう。あるところで、まさに星々が全天を覆う状況になる。そうなれば、その背後にたくさんの星があっても、夜空の明るさには寄与しない。なぜなら、背後にある星から届く光は、手前にある星に遮られてしま

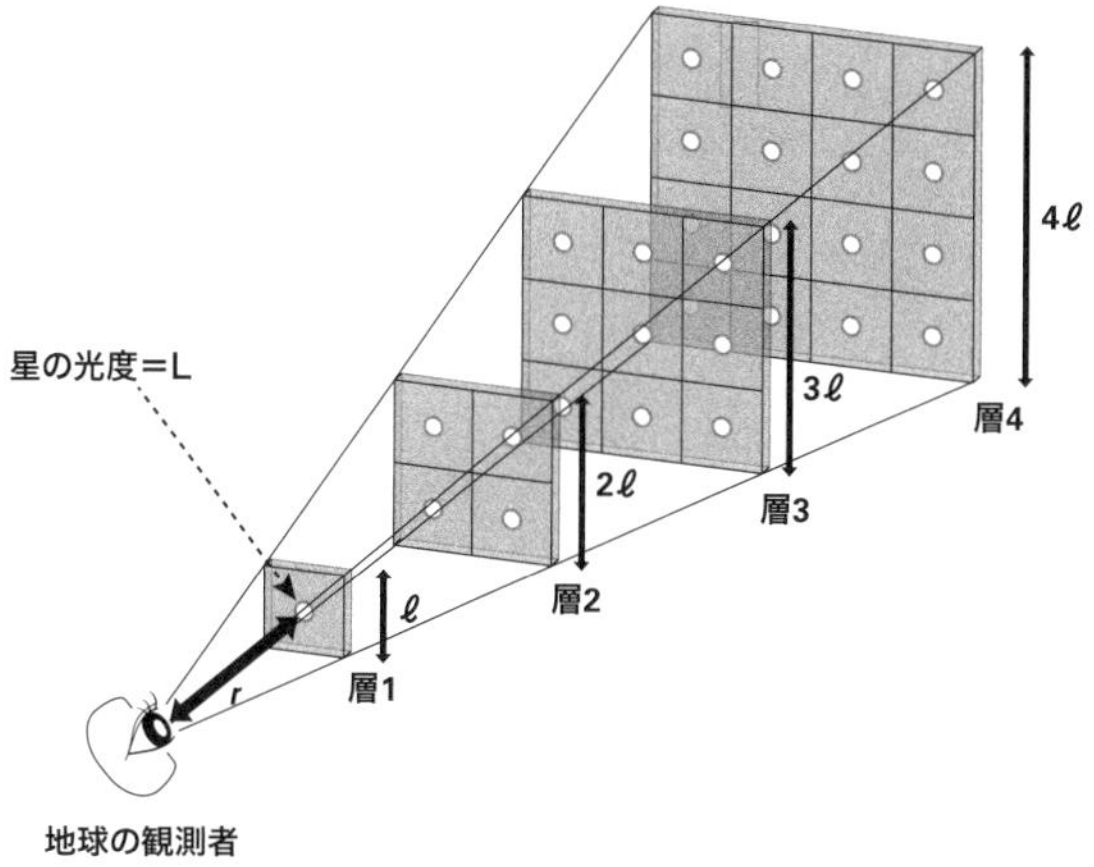

図2-5　夜空の輝度

夜空を眺めたとき、実際に見えるエリアは遠くを見れば見るほど広くなる。ここでオルバースのパラドックスの前提である無限宇宙に一様に分布する同じ光度の星々を眺める状況を想像してみよう。放射強度は距離の2乗に反比例するので、近い星ほど明るく見えるはずだが、距離が遠くなるほど見える範囲は広がるので距離の効果を相殺し、結果的にどの層も同じ放射強度となる。とすると、これらを足し合わせていけば、当然夜空はどの方角から見ても一様に明るくなるはずなのだ。“Olbers' Paradox” Htkym 2009 / Licenced under CC BY-SA 3.0（https://commons.wikimedia.org/wiki/File:Olbers%27_Paradox.svg）をもとに作成。

うのだ。そのため、夜空の明るさが無限大になることはない。

私たちに一番近い恒星は太陽である。したがって、夜空を太陽のような星で埋めたとしても、その明るさ（輝度）は太陽の明るさになる。ただ、全天、どの方向を見ても太陽があることになるので、非常に明るい夜空になることは確かだ。計算すると、太陽が約21万個あるような状況になる。想像しにくい明るさではあるが、無限大の明るさではない。

悩んだのはオルバースだけではない

ところで、このパラドックスは名前の由来となっているオルバースが最初に見つけたわけではない。表2-1を見て分かるように、関連する議論はオルバースが論文を発表する250年前から始まっていたのだ。さらに、その論文とほぼ同じ議論も、スイスの天文学者であるジャン＝フィリップ・ロワ・ド・シェゾー（1718-1751）によって、オルバースの発表の約80年前になされていた。

じつは、このパラドックスに名前がついたのは1952年のことだ。表2-1の最後にあ

発案者	発表年と著作	宇宙の描像	内 容
トーマス・ディッグス（1546 - 1595）	1576年*1	無限	遠方の星の光は弱いので、夜空は明るくならない。
ヨハネス・ケプラー（1571 - 1630）	1610年*2	有限	宇宙が無限に広ければ、星は天界を満たす。したがって宇宙の大きさは有限である。
エドモンド・ハレー（1656 - 1742）	1720年*3	無限	星と星との間隔は遠方になればなるほど大きくなる。さらに、星の光の強度は星までの距離の２乗に反比例して弱くなる。したがって宇宙が無限に広くても夜空は暗い。
ジャン=フィリップ・ロワ・ド・シェゾー（1718 - 1751）	1744年*4	無限	宇宙空間の物質による吸収で夜空は暗い。
ヴィルヘルム・オルバース（1758 - 1840）	1826年*5	無限	宇宙空間の物質による吸収で夜空は暗い。
ヘルマン・ボンディ（1919 - 2005）	1952年*6	無限	ビッグバン宇宙論に反対して定常宇宙論を提唱し、空間の膨張効果により夜空が暗いことを説明。自身の著書でオルバースの研究を引用し、オルバースのパラドックスと名付けた。

*1 著書である『天界論』で言及。
*2 著書である『星界の使者との対話』で言及。
*3 著書である『恒星天球の無限性について』で言及。
*4 著書である『1743年12月および1744年１月、２月、３月に出現した彗星の論考』で言及。
*5 著書である『宇宙空間の透明度』で言及。
*6 著書である『宇宙論』で言及。

表２-１　オルバースのパラドックスをめぐる歴史

るオーストリア生まれの物理学者ヘルマン・ボンディ（１９１９-２００５）の論文で名前がつけられたのである。ボンディはオルバースより前の議論について知らなかったのだろう。時のいたずらである。

それはさておいて、どうやってオルバースのパラドックスを解けばよいのだろうか？

シェゾーとオルバースがパラドックスについて考えていた時代、光は宇宙空間ではエーテルと呼ばれる正体不明の媒質の中を伝播していると考えられていた。そのため、２人ともエーテルが星々の光を吸収するので、夜空は暗いと考えていたようだ。しかし、その後、エーテルの存在は否定されてしまう。さらに宇宙空間はスカスカ、つまり物質の密度が非常に低く、そうした物質による吸収の効果もほとんど無視できることが現在では分かっている。

一方で、オルバースのパラドックスを世に知らしめたボンディは、このパラドックスの原因が宇宙の膨張にあると確信していた。膨張の効果で、遠方の銀河の光が弱められる。だから、夜空は暗いと考えたのである。20世紀になって宇宙膨張の観測的証拠が発見されたので、この宇宙膨張説は魅力的なアイデアであった。実際、この説は広く受け入れられ、多くの天文学の教科書や解説書でもこの説が紹介されている。ただ、実際はこの宇宙膨張の効果は、さして重要ではない。

ここで紹介したシェゾーやボンディの説は、無限の宇宙が正しいことを前提としている。ただ、こんなにもパラドックスが解けないと、そもそもを疑いたくはならないだろうか。オルバースが仮定した無限に広い宇宙観は本当に正しいのか、と。実際、その後には宇宙空間の有限性や宇宙年齢の有限性、星の寿命の有限性、光速度の有限性など、有限に注目が集まった議論もなされている。

ただ、有限性に注目したアプローチによって、簡単にこのパラドックスを解けるかといえば、そうではない。なぜなら、宇宙の大きさが有限だったとしても、非常にたくさんの星があり、夜空が明るくなる可能性を排除することができないからだ。宇宙の大きさが有限で、夜空を明るくするほど星がないことを定量的に示さないと、パラドックスを解いたことにはならないのだ。

２‐３　オルバースのパラドックスを解く

夜空が暗い本当の理由

オルバースが発表する２５０年以上前から議論されていたにもかかわらず、その矛盾を解くことができなかったオルバースのパラドックス。はたしてその答えはなんなのだろうか。ここからはその答え合わせをしていこう。結論からいうと、その答えは「この宇宙には夜空を明るくするほどの星々を産み出すガスがない」ということである。

あらためて、無限個の星があって夜空を埋め尽くす状況を考えてみよう（図２‐４、65ページ）。どの方向を見ても、必ず１つの星に出会ってしまう。だから、夜空は明るいのである。

問題はこのような状況が起こり得るかということである。

私たちは天の川銀河（銀河系）と呼ばれる星の大集団の中にいる（図２‐６）。天の川銀河は直径10万光年、厚み１０００光年の円盤銀河だ（１光年は光が１年間に進む距離のことで、

図2-6　天の川銀河（銀河系）の姿

上は天の川銀河を真上から捉えた写真である。これは天の川銀河内のガスの運動を再現する物質分布から導かれた（提供：馬場淳一）。下は天の川銀河の赤外線画像で、銀河を真横から見たときの様子を示している。

約10兆キロメートル）。天の川銀河は中央に棒状構造があるので、棒渦巻銀河と呼ばれるタイプになる。

そして、天の川銀河には約２０００億個の星が存在している。ものすごい数のように思われるかもしれないが、星の密度はそれほど高くない。１辺が10光年の立方空間（10光年×10光年×10光年の立方体）に太陽のような星が10個ある程度だ。この個数密度で、夜空を星で埋め尽くすにはどのぐらい遠くまで見通せばよいか計算してみると、10^{16}光年になる（このとき、すべての星は太陽と同じで直径１４０万キロメートルとした）。つまり、１兆のさらに４桁も多い、１京《けい》光年を見渡す必要がある。

ところが、天の川銀河の直径はたかだか10万光年だ。１京光年の１０００億分の１のサイズしかない。したがって、天の川銀河にある星々で夜空を埋めることはできない。端的にいえば、星の数が足りないのである。

銀河で夜空を埋め尽くせるか？

一方で、宇宙には天の川銀河のような銀河がたくさんある。それらの銀河で夜空を埋め尽くして、明るくすることはできるだろうか。

それを考えるにはまず、宇宙に銀河は何個あるのかを考える必要がある。

今までに、いろいろな深宇宙探査が行われてきた。その中で、最もディープに宇宙を調べたのは、ハッブル宇宙望遠鏡によって行われた深宇宙探査である。そのプロジェクトの名前は、ハッブル・エクストリーム・ディープ・フィールド（ＸＤＦ：Hubble eXtreme Deep Field）。この探査では、南天の「ろ座」方向の小さな天域が徹底的に観測された。その範囲は２・３分角×２・０分角なので（１分角は１／60度）、天域の広さは０・００１２８平方度である。

そして、その結果はどうだったかというと、ＸＤＦで得られた画像には（図２-７下、76ページ）、約５５００個もの銀河が写っていた。たしかにたくさんの銀河が見えている。しかし、銀河は夜空を埋め尽くすほど、たくさんあるわけではない。史上最強の深宇宙探査であっても、銀河で夜空が明るく輝いて見えているわけではない。

図2-7　XDFにより捉えられた遥か彼方の宇宙

上の写真中央にある白線で囲われた「ろ座」方向の領域がXDFで観測された。写真では天域の広さを比較するために、満月（見かけの大きさは0.5度）が右上に示されている。下はXDFによって得られた画像。非常に狭い範囲での観測にもかかわらず、約5500個もの銀河が発見された。

上写真：NASA; ESA; and Z. Levay, STScI; Moon Image Credit: T. Rector; I. Dell'Antonio/NOAO/AURA/NSF
下写真：NASA; ESA; G. Illingworth, D. Magee, and P. Oesch, University of California, Santa Cruz; R. Bouwens, Leiden University; and the HUDF09 Team

ここで、空のどの方向を見てもＸＤＦで観測された個数の銀河が見つかると仮定しよう。全天の広さは４１２５２・96平方度なので、銀河の総数Nは次のようになる。

N＝５５００個×４１２５２・96平方度÷０・０１２８平方度≒２０００億個

ＸＤＦの観測でも当然、天体の検出には限界があるので、その限界より暗い銀河は観測されていない。実際の宇宙では暗い銀河のほうが個数が多い（サイズの小さな矮小銀河のほうが多いということ）ので、宇宙全体にある銀河の個数は先ほど計算から求めた２０００億個よりも多い１兆個だと、ざっと見積もっておこう。

あとは宇宙の半径が分かれば、宇宙における銀河の密度を求めることができる。宇宙の年齢は１３８億年なので、その半径は１３８億光年としたいところだ。しかし、宇宙は開闢《かいびゃく》以来膨張しているため、現在の宇宙の大きさは４７０億光年程度に広がっている。そこで、宇宙の半径として４７０億光年を採用しよう。宇宙における銀河の個数密度は銀河の総数を宇宙の体積で割れば得られる。

宇宙における銀河の密度$=N\div(4\pi r^3\div3)\fallingdotseq10^{-21}$個／立方光年

この個数密度で、夜空を銀河で埋めるためには２００兆光年にもなる（銀河の半径を１万光年と仮定）。宇宙の半径より４桁も大きな数字だ。したがって、銀河が夜空を覆い尽くすことはあり得ない。ＸＤＦで観測されたように、宇宙は暗いのだ（図２‐７、76ページ）。矛盾はない。

そもそも考えてみれば、私たちが肉眼で見ることのできる銀河はわずかである。北半球ではアンドロメダ銀河、南半球では天の川銀河のお供をしている大マゼラン雲と小マゼラン雲が見えるだけである。夜空が銀河で埋め尽くされていることはない。

パラドックスが解けた

これで、オルバースのパラドックスは完全に解けた。正解は次のようになる。

夜空が暗いのは、この宇宙には夜空を明るくするほどの星や銀河が存在しないからである。言葉を変えると、この宇宙では星を作る物質に限りがあるため、夜空を星で埋め尽くすほど星や銀河をたくさん作ることはできないのである。

アインシュタインの特殊相対性理論から、エネルギーと物質の質量は等価である。これは$E=mc^2$（E：エネルギー、m：質量、c：光速）の関係式で表される。つまり、物質（質量）が足りないということは、エネルギーが足りないことと同じである。私たちはエネルギー不足（物質不足）の宇宙に住んでいたのである。

驚くべきことに、この結論を導くときに「宇宙の大きさが無限か有限か」は問わなかった。たしかに、星や銀河の個数密度を計算するときに宇宙のサイズを使った。しかし、それは宇宙のサイズ（無限か有限か）を意識したわけではない。単に、光源としての星や銀河をどれだけ作れるかを知るためだった。宇宙が有限でも、夜空を明るくするほどの星を作る可能性はあった。しかし、計算すると、その可能性はないことが分かった。ただ、それだけのことである。

オルバースのパラドックスの仮定の1つである「宇宙は無限に広い」ということに、私たちは気を取られすぎていたのかもしれない。逆に、宇宙の大きさが有限なら自動的にパラドックスは解けると、安易に納得してしまったのかもしれない。実際はこの宇宙の星や銀河を作る能力のチェックが大切だったのだ。

陥った罠を振り返る

星は密度の高い、冷たい分子ガスの雲の中で生まれる。星はガスの塊なので、星を産み出すにはガスが必要である。ところが、宇宙にはそんなにたくさんのガスがあるわけではない。結局、この宇宙には夜空を明るくするほどの星々を産み出すガスがないのである。

宇宙の年齢が有限なことではない。宇宙の大きさが有限なことではない。星の寿命の有限性ではない。また、光速度の有限性も原因ではない。繰り返しておくが、宇宙の膨張の効果は無視してよい。もちろん、宇宙空間の物質による吸収の効果でもない。

オルバースのパラドックスはずいぶん有名なパラドックスである。それにもかかわらず、正解に至っていない議論が氾濫《はんらん》している。その原因はボンディが宇宙膨張の効果で解決したかのような本を出版したことにある。

人は著名な学者のいうことを簡単に信じるものだ。しかし、虚心坦懐《きょしんたんかい》。きちんと自分の頭で考えることが大切である。

宇宙の無限性から出発したオルバースのパラドックスであったが、無限性の議論とはまったく関係のないところにその答えがあった。夜空が暗いのは「宇宙が有限だから」というわけではない。オルバースのパラドックスに学ぶことがあるとすれば、私たち人類は「無限」に憧れていることが分かったことぐらいだ。

2-4　大きな世界と小さな世界

別の視点で無限を探す

オルバースのパラドックスからは、宇宙に無限があるか、という問いに対して答えを得ることはできなかった。そこで、ここからは少しアプローチを変えてみよう。「大きな世界」

と「小さな世界」に無限大が存在するかどうかを考えてみたい。

ここでいう大きな世界とは、肉眼で見ることのできる世界のことだ。英語では「マクロスコピック（macroscopic）」という言葉が対応する。一方、小さな世界とは肉眼で見ることのできない世界のことである。英語では「ミクロスコピック（microscopic）」という言葉が対応する。それぞれ、マクロとミクロという言葉で表現されることが多い。

話を進める前にイギリスの数学者イアン・スチュアート（１９４５‐）の無限に関する言葉を紹介しておきたい。

> 無限は、けっして非常に大きな数の同義語ではない。詩的な、または大げさな表現をするために、あるいは、よく知らずに、そのように使われることがしばしばあるが、数学や哲学において、無限は、非常に大きな限界ではなく、いかなる限界もないというまったく別の概念である。
>
> （イアン・スチュアート『無限』より）

この宇宙が無限に大きいのなら、宇宙には果てがないことを意味する。単に想像できないほど大きいだけではダメなのだ。その点を理解しておこう。

宇宙の大きさ

では、まずはマクロな世界、宇宙の大きさについて考えてみよう。

ビッグバン宇宙論（詳細は第３章）によれば、この宇宙はほぼ点のような小さな状態からスタートし、１３８億年もの間膨張を続けている。宇宙の膨張速度は無限大ではない。つまり、「有限な宇宙の膨張速度×有限な宇宙年齢」を計算すると、宇宙の大きさは無限大になることはなく、有限であることが分かる。

一方で、宇宙の現在の大きさが１３８億光年かというと、そうではない。じつは、もっと大きくなっている。この宇宙は誕生以来、膨張し続けているからである。この膨張の効果を考えると、宇宙の現在の大きさ（半径）は約４７０億光年になる。これも非常に大きな数字だが、無限大ではない（図２‐８、84ページ）。現在と因果関係を持っている（情報交換ができる）エリアはこの半径４７０億光年の宇宙の中だけである。仮にその外側に無限に広い空

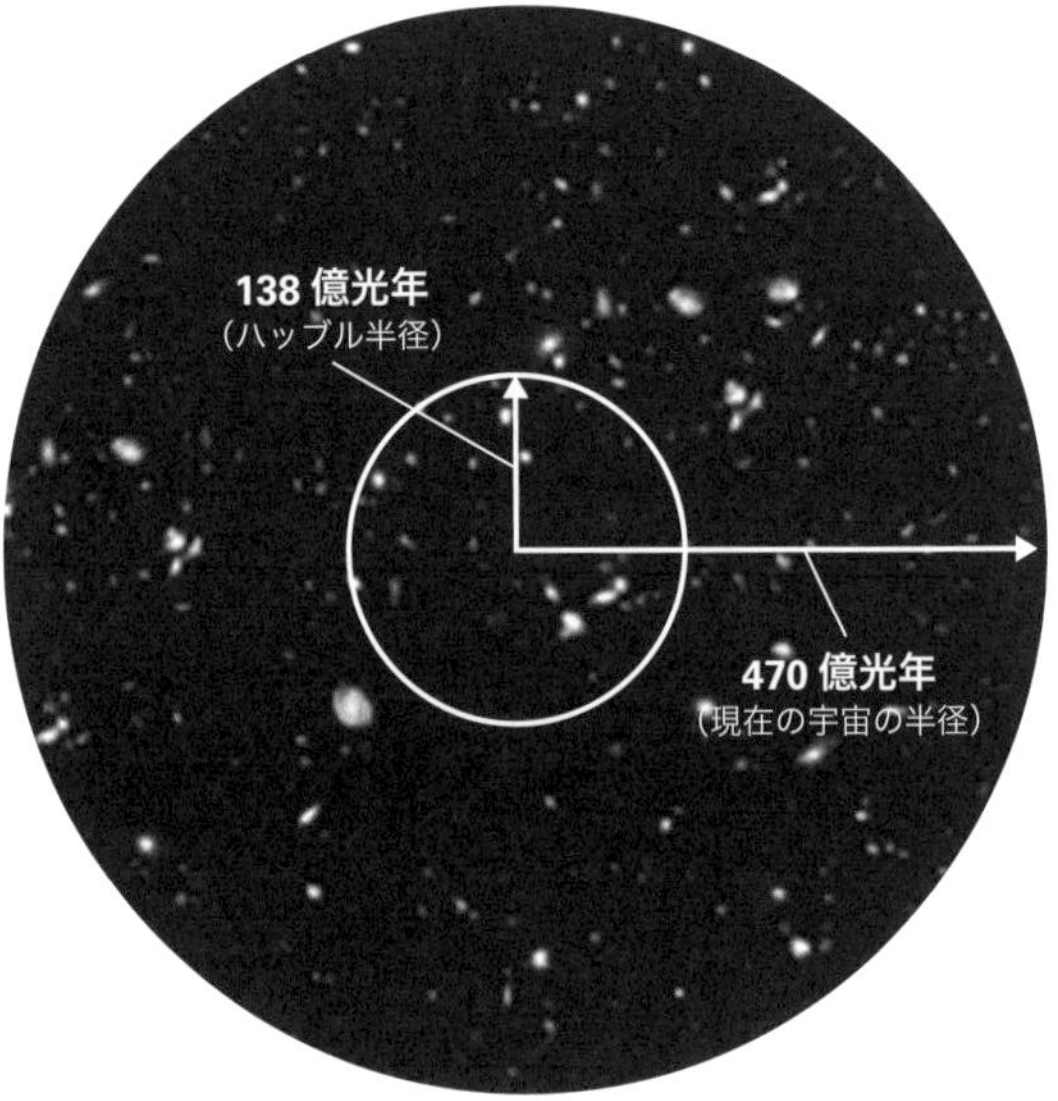

図2-8　宇宙の大きさを知る

ハッブル半径はハッブル時間（ハッブル定数の逆数）に光速を掛けて求められる。宇宙の年齢は138億歳であるとされている。他方で宇宙は誕生時から膨張しているため、その半径は470億光年にまで広がっている。その外側は不明だ（上図の宇宙の写真はイメージ）。

間が広がっていて、たくさんの宇宙があったとしても（多宇宙あるいはマルチバースと呼ばれる宇宙モデル）私たちとは縁がない。他の宇宙に星が輝いていたとしても、その光は私たちには届かないので地球の夜空を明るくすることはないからだ。

さらっと述べたが、これが答えである。オルバースのパラドックスから始まり、宇宙の大きさに無限大があるかどうか探してきたが、答えはとてもシンプルなのだ。

宇宙の階層構造とウロボロス

後ほど詳しく紹介するが、この宇宙にはクォークと呼ばれる素粒子から宇宙全体まで何桁にも及ぶ階層構造を成している。小は10^{-18}メートルから、大は10^{27}メートルまで、45桁にもわたっているのだ。この中で私たち人類は1メートルの桁で、人生を謳歌している。

では、この大きな宇宙は何からなっているのだろうか。根源を遡れば、クォークに行き着く。この根源なくして、この大宇宙はない。一見すると、クォークという素粒子の極小の世界と、宇宙という極大の世界は関係がないように思われるかもしれない。しかし、両者は物

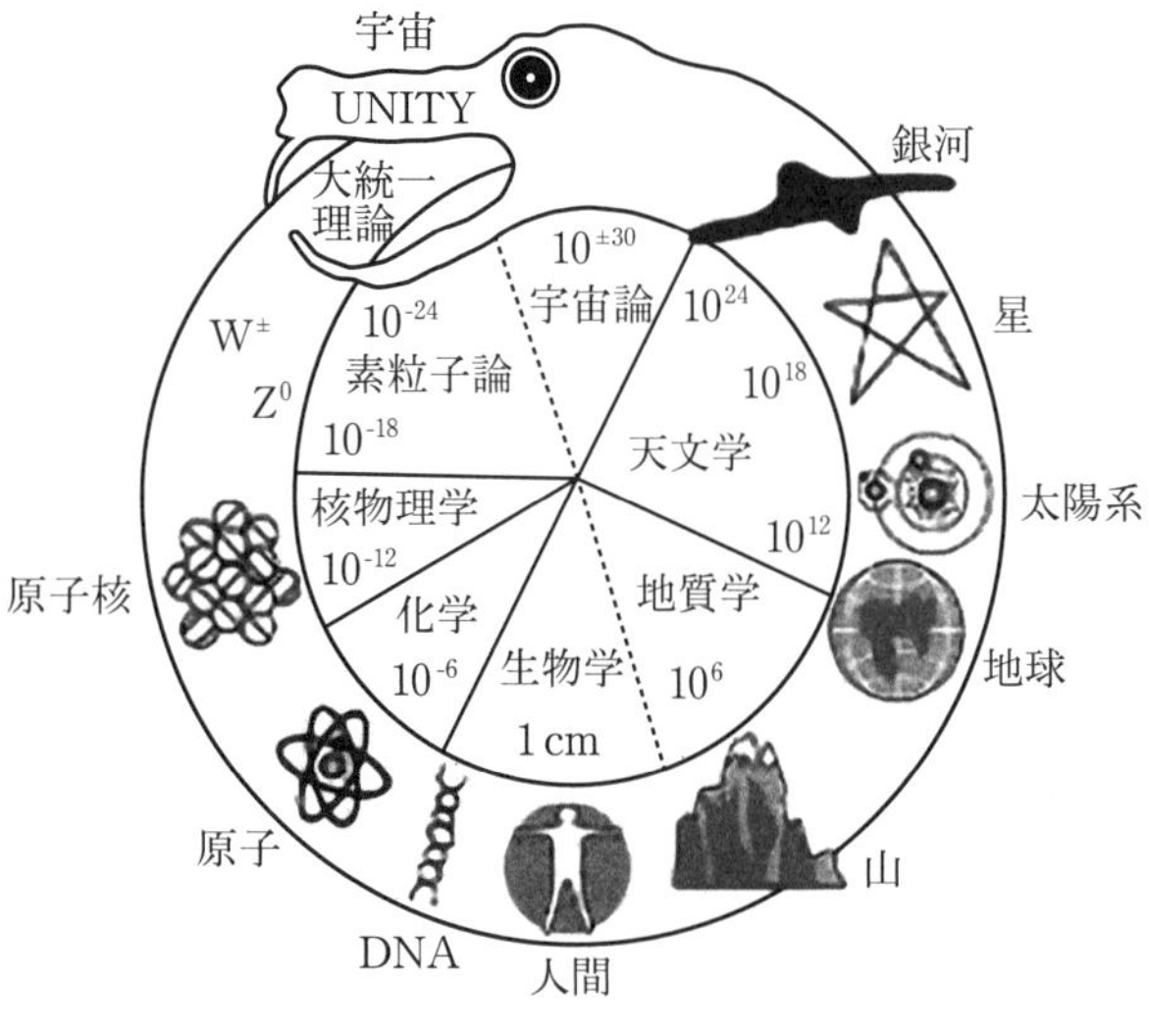

図 2 - 9　自然界の階層構造を象徴するウロボロス

図は谷口義明『宇宙の誕生と進化』をもとに作成。

理的に深い関係にある。その連環を示す概念図は自然界のウロボロスと呼ばれている（図２-９）。

ウロボロスは自分自身の尾を飲み込む蛇である。古代ギリシアのみならず、同様の図は世界各地で見られる。宇宙の運動を表すものとされているが、物の循環を象徴している。天文学者や物理学者は好んでこの図を使うが、理由は２つある。１つは、宇宙に存在するものの多様性とスケールを一目で判断できること。そして、もう１つは宇宙における循環あるいは輪廻を象徴していることだ。

そして、１つ重要なことがある。このウロボロスの図にもゼロや無限大がないのだ。古代ギリシアの時代、いち早くそれに気づいていた人がいたのだろうか。

量子にまつわる無限大

ここからはミクロな世界で無限大の存在に迫っていこう。

物理で物体の運動を考えるとき、多くの場合、物体は質点として扱われる。もちろん、問題は複雑にはなるが、形を持つ物体（3次元的な物体）でもよい。いずれにしても、物体の運動そのものに着目して、どのような力が働いて、どのような運動をするか考えることになる。たとえば、手に持ったボールを投げると、ボールは放物軌道を取って落下していく。

一方、これとはまったく別な考え方で、物理の問題を解くことがある。それは「場」を導入することである。たとえば、電磁場などだ。「場」を『岩波 理化学辞典』（第5版）で調べてみると、次のように説明されている。

> 1つの物理量Aが空間のある領域で各点の関数として一義的に決定されるとき、Aを場という。

さらに、次の説明もある。

> 空間的に離れた粒子間にはたらく力は遠隔作用ではなく、粒子はまずその場で相互作用して場の変動をひきおこし、その変動が伝播して相手の粒子に達して相互作用をおこす。このような立場で構成された理論を場の理論（field theory）という。

たとえば、電子が電磁場と相互作用して、クーロン力が伝わる。あるいは電磁波が伝播する。つまり、粒子と場が助け合って力が伝わると考えるのである。このような物理的な考察は、場の理論の中でも「場の古典論」と呼ばれる。

大学の理学部・物理学科で物理を学ぶ場合、定番の教科書と称されるものがある。私の場合、１９７０年代に物理を学んだが、当時の定番の教科書は『ランダウ＝リフシッツ 理論物理学教程』であった。著者はソビエト連邦（現・ロシア）の理論物理学者レフ・ランダウ（１９０８‐１９６８）とエフゲニー・リフシッツ（１９１５‐１９８５）の2人。ランダウは絶対零度近くでのヘリウムの理論的研究でノーベル物理学賞を受賞している（１９６２年）。

このシリーズの第2巻が場の理論の教科書だった。私が持っているのは『場の古典論　電気力学、特殊および一般相対性理論』。増訂新版で１９６４年に出たものである。雰囲気を理解してもらうために、章立てを紹介しておこう。

第1章：相対性原理
第2章：相対論的力学

第3章：場のなかの電荷
第4章：場の方程式
第5章：不変な場
第6章：電磁波
第7章：光の伝播
第8章：運動している電荷の場
第9章：電磁波の放射
第10章：重力場のなかの粒子
第11章：重力場の方程式

意外とバラエティに富んでいることがお分かりだろう。この教科書には、いわゆる古典物理学が網羅されているのである。アインシュタインの相対性理論は古典物理学の範疇に入るので、この教科書で取り扱われている。

扱われていないのはミクロの世界の物理学である。原子スケールで起こる現象に関するもので、そこでは少し物理的な取り扱いが変わる。粒子そのものも場として振る舞うと考えるからである。こちらは「場の量子論」と呼ばれる。

ミクロの世界を取り扱う量子力学は１９２０年代半ばに生まれたものだが、最初、粒子（陽子や電子など）はニュートン力学で扱うような質量を持つ物体として取り扱われた。しかし、その後、場の量子論が整備され、今ではもっぱら場の量子論が使われるようになった。

繰り込み理論

場の量子論で小さな世界を調べるとき、１つ問題が出てくる。それは「場」そのものに起因する問題である。少しページを戻って『理化学辞典』による「場」の説明を今一度見てほしい。

考える領域は点で構成されている。点は体積を持たない。したがって、領域にある点の個数は無限大になる。これが問題を引き起こすのである。

ある物理量の大きさを計算するとき、考える領域で足し合わせることになる（数学的には積分する）。すると、計算の途中で、往々にして無限大が顔を覗かせるのだ。考える領域が無限大（無数の点）だからである。たとえば、いろいろな数字に無限大を掛けることを考えてほしい。

１×無限大＝無限大
０・１×無限大＝無限大
０・01×無限大＝無限大
０・００１×無限大＝無限大
…

各点での物理量が非常に小さな値でも、無限大を掛け合わせれば無限大になってしまうのだ。これは「発散の困難」と呼ばれている現象である。

しかし、現実の世界でその物理量が無限大になっているようには見えない。つまり、現実と計算が矛盾してしまうのである。

ただ、ここで１つの光明も現れる。さらに計算を進めていくと、また無限大が出てきて、先に出てきた無限大を打ち消すようなことが起きるのである。しかし、「無限大−無限大」

の計算は破綻する。

そこで、この２つの無限大を無限大とは見なさない考え方が出てきた。どういう意味かというと、非常に大きな数ではあるが、有限な値と考えるのである。すると、先ほど破綻した引き算は「非常に大きな有限の数－非常に大きな有限の数」の計算になるので、意味のある答え（数値）を得ることができる。破綻を免れることができるのだ。これを「繰り込み理論」という。

この理論を提唱したのが日本の理論物理学者である朝《とも》永《なが》振一郎（１９０６-１９７９）とアメリカの２人の理論物理学者ジュリアン・シュウィンガー（１９１８-１９９４）とリチャード・ファインマン（１９１８-１９８８）だ。３人は揃ってノーベル物理学賞を受賞した。１９６５年のことだ。日本では湯川秀樹（１９０７-１９８１）以来、２人目のノーベル賞受賞ということで、朝永は一躍時の人になった。私が小学生の頃のことだが、大ニュースになったことを記憶している。ただ、ニュースを聞いても、受賞理由はチンプンカンプンであった。これを理解するには大学の理学部で量子力学を学ばねばならないからだ。

量子の世界にも無限大はない

量子の世界では「繰り込み理論」のおかげで、物理量が無限大に発散することは免れた。量子の世界に無限大はないのである。

とはいえ、不思議に思われるかもしれない。どうして、「繰り込み理論」はうまくいくのだろうか。こういう疑問は残っている。なにしろ「無限大－無限大」の計算を、「非常に大きな有限の数－非常に大きな有限の数」の計算に置き換えただけのトリックに思えるからだ。しかし、「繰り込み理論」で計算した値と、実験で測定した値とは非常によく一致する。

そもそも、量子の世界の無限大は「場」の中にある点の数が無限大であることに起因していた。「場」を点の集合として捉える。点は大きさゼロである。ゼロを無限個集めても本来はゼロになる――。「繰り込み理論」の成功は、この考え方が根本的に間違っていることを示唆している。つまり、「場」の中には無限個の点は存在しないということである。

つまり、「場」を構成している単位は点ではなく、微小ではあるが、有限の大きさを持っている。「場」には無限個の構成要素があるわけではない。有限個だとすればよいのだ。これならば、足し合わせても（積分しても）物理量の値が無限大に発散することはない。

無限分割の罠

この章を終えるにあたり、もう１つ無限に関連する有名なパラドックスを紹介しよう。ゼノンのパラドックスと呼ばれるものの１つだ。ゼノン（ＢＣ４９０頃‐ＢＣ４３０頃）は古代ギリシアの哲学者である。

最も有名なゼノンのパラドックスは「アキレスと亀」の競走問題である。足の速いアキレスと亀が競走する。明らかに亀の運動速度のほうが遅いので、亀にはハンデを与える。亀はアキレスよりLメートル前からスタートする。果たして、「アキレスは亀に追いつけるのか？」という問題である。当然、アキレスは簡単に亀に追いつき、追い越していくだろう。誰しもそう思う。しかし、ゼノンは問いかける。本当ですか、と。

アキレスが亀に追いつくには、まずスタート時に亀のいた場所まで到達する必要がある。そのとき、亀はアキレスより少し前にいる。亀も動いているからである。すると、次にアキレスはその亀のいた場所まで行かなければならない。ところが、いざそこに着いたら、亀はやはり少し前を歩いている。そこで、またしてもアキレスは亀のいた場所に行かなければならない……。

これが繰り返されることで、アキレスはいつまで経っても亀の後塵を拝することになる。アキレスは亀に追いつくことはない。これがゼノンの説明である。しかし、実際にはアキレスは簡単に亀に追いつき、追い越していくだろう。なぜか？ これが「アキレスと亀」のパラドックスだ。

ここで、このパラドックスを解くために次の値を採用してみよう。

アキレスの速度（V_A）＝10メートル／秒
亀の速度（V_T）＝１メートル／秒
ハンデの距離（L）＝１００メートル

そして、アキレスが亀に追いつくまでに要した時間をt秒とすると、アキレスが亀に追いついた場所までの距離は次のようになる。

$$V_A \times t = L + V_T \times t$$

この式から、追いつくのに要した時間は次のようになる。

$$t = L \div (V_A - V_T)$$

$$= 100 \div (10 - 1) = 100 \div 9 \fallingdotseq 11.1\text{秒}$$

約11・１秒後にはアキレスは亀に追いついているのだ（距離でいうと１１１メートルの地点）。そして、その後は亀を抜き去って走っていく。

それなのに、どうしてゼノンは追いつけないと説明したのだろう。不思議なことに、ゼノンの説明はもっともらしく聞こえた。

これは無限分割の罠である。ゼノンの論理では、アキレスが亀に追いつくには、アキレスと亀との距離を無限に分割してアキレスは亀に近づいていかなければならない（これは時間も無限に分割することを要請する）。

結局、アキレスが可能な限り亀に近づく様子を考えているだけなのだ。しかも、それを実行するには無限のプロセスを必要とする。そのため、アキレスは亀には追いつけないことになってしまうのである。

宇宙に無限はなかった

この章では宇宙に無限があるかどうか考えてみた。重要な項目をまとめておこう。

1　この宇宙には始まりがあった。現在の宇宙年齢は138億歳である。したがって、この宇宙には無限の時間はない。

2　この宇宙は膨張しているが、膨張速度は有限の値である。したがって、この宇宙の大きさは〈有限の膨張速度〉×〈有限の宇宙年齢〉なので、有限である。この宇宙は無限に大きくはない。

3 ある物理量を持った物体が無限に存在することはあるだろうか。これは原理的には可能である。しかし、有限の大きさの宇宙に無限の物体を収めることはできない。したがって、ある物理量を持った物体が無限に存在することはない。

4「宇宙は無限に広く、無限個の星が一様にある」。こう仮定すると、私たちはどの方向にも星を見ることになり、夜空も明るく輝くことになる。しかし、夜空は暗い。これはオルバースのパラドックスと呼ばれる有名なパラドックスである。このパラドックスを解くには宇宙の大きさを有限にすればよいと考えがちである。しかし、実際のところは、宇宙の大きさには関係がない。この宇宙には夜空を明るく輝かせるだけの星を産み出す物質がないだけのことである。このパラドックスには人類の無限に憧れる気持ちが表れているのだろう。

5 時間や線分を無限に分割する。これは積分など、数学でよく用いられるテクニックである。ところが、実際に線分を無限に分割して、それに準じて動こうとすると、時間も無限に分割しているので、目的地に永遠に到着しない事態になる。これがゼノンのパラドックスの1つとして有名な「アキレスと亀」の話である（足の速いアキレスは足の遅い亀に追いつけない）。無限分割の罠には気をつけなければならない。

様々な角度から無限の存在を検討したが、やはり無限はこの宇宙にはないようだ。

第3章

宇宙にゼロはあるか

倫理学と幾何学を作り上げたギリシア人は、ゼロという記号を取り入れることはなかった。

——ジョン・D・バロウ『無の本』より

3-1　宇宙の誕生

ビッグバン宇宙論

さて、この章では、私たちの住むこの宇宙にゼロがあるかを考えてみることにしよう。

科学で大切なことは、実験や観測で検証することだ。いくら優れた理論があったとしても、検証なくして前には進まない。その一方で、この宇宙を理解していくには、ガイドラインとなるようなモデルも必要である。そこで、人類が現在までに行ってきた観測とモデルに基づいて、この宇宙にゼロがあるかどうか、見ていくことにしよう。

現在受け入れられている宇宙の誕生と進化の様子は、第２章でも少しだけ登場した「ビッグバン宇宙論」という枠組みで理解されている（図３-１、１０４ページ）。それは次のようなものだ。少し長くはなってしまうが、始まりから１つずつ整理していこう。

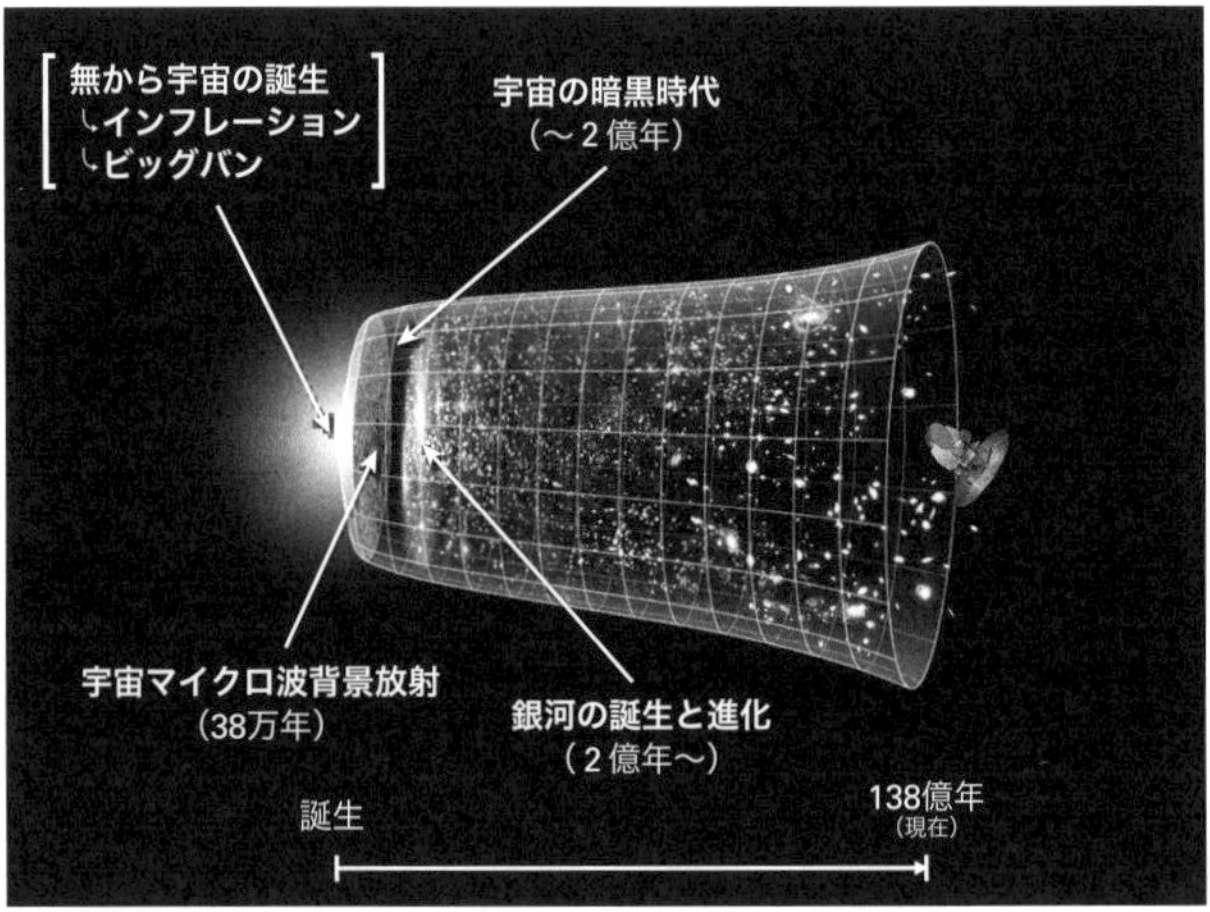

図3-1　宇宙の誕生と進化のシナリオ

この図では宇宙マイクロ波背景放射の箇所が強調して描かれている。しかし、この頃（宇宙年齢38万歳）の宇宙の大きさは現在の宇宙の約1000分の1でしかなく、それを反映すると、図ではほぼ点のように小さくなることは留意いただきたい。WMAPの図表を一部改変して作成。

１　無からの宇宙誕生

今から１３８億年前、この宇宙は「無」から生まれたと考えられている。ここでいう「無」はミクロの世界の「無」である。ミクロの世界では、すべての物理量が揺らいでいる（正確な値が分からない状態）。位置や速度、時間やエネルギーなども揺らいでいる。「無」そのものも揺らいでおり、粒子やその反対の性質を持つ粒子（反粒子）が生まれたり、消えたりしている。これらは対《つい》生成と対消滅と呼ばれる現象である。そのため、揺らいだ「無」から、ある有限の確率で、宇宙が誕生することがある。その確率がゼロではないので、宇宙が誕生してもよいと考えるのだ。

もちろん、この宇宙の誕生の瞬間を観測的に検証することはできない。したがって、現状では「可能性のある宇宙の誕生のシナリオ」の１つとして考えられている段階である。ちなみに、私たちが手にしている物理法則の範囲で考えると、誕生したばかりの宇宙のサイズは10^{-36}メートルというとても小さな値である。これはプランク・スケールと呼ばれる値だが、あとで説明する。

2 急激な膨張

誕生した宇宙はエネルギーを持っていたので、急激に膨張し始めた。そのために温度がどんどん下がり、宇宙の状態も大きな変化を経験しながら進化した。この変化は相転移と呼ばれる。単なる状態の変化であれば相変化だが、エネルギーの出入りがある場合は相転移と呼ばれる。たとえば、水から氷への変化では熱エネルギーの出入りがあるので相転移である。

この相転移によって、インフレーションと呼ばれる指数関数的な宇宙膨張が起こった。これは宇宙の誕生から10^{-36}秒のときにスタートし、10^{-34}秒に終わってしまう。このわずかな間に、宇宙の大きさは10^{43}倍に膨れ上がった。

3 火の玉宇宙

インフレーションは熱エネルギー（潜熱）を残して、あっという間に終わった。その後、この熱エネルギーを使って宇宙はまた膨張し出す。これがビッグバンと呼ばれている現象である。アメリカの物理学者、ジョージ・ガモフ（１９０４‐１９６８）が提唱した「ファイアーボール・モデル」のことだ。

ビッグバンは「大嘘」という意味のスラングであり、この言葉はファイアーボール・モデルを認めず、定常宇宙論を提唱したイギリスの天文学者フレッド・ホイル（１９１５－２００１）がイギリスＢＢＣのラジオ番組で語った言葉である。ただ、ガモフは大変茶目っ気のある人だった。皮肉でいわれたビッグバンという言葉を気に入ってしまい、なんと自分自身で使い始めたのである。そのため、そのままビッグバン・モデルとして定着した。

4　ビッグバン元素合成

この火の玉宇宙は高温・高圧のため、最初の3分間で元素合成を行うことができた。これはビッグバン元素合成と呼ばれる。生まれた元素は水素（陽子）とヘリウム（ヘリウム原子核）である。このときにできた陽子とヘリウム原子核の割合は9対1だった。

なお、ビッグバン元素合成では軽元素（リチウム、ベリリウム、およびホウ素）もわずかだが、生成された。それ以外の炭素から鉄までの重い元素は星内部の熱核融合で生成されたものである。一方、鉄より重い元素は超新星爆発や中性子星（ぎっしり詰め込まれた星のの圧力で重力によりつぶされるのを防いでいる高密度の星）同士の合体の際に生成されたものである。

5　ビッグバンの残光

誕生から38万年後、電離していたプラズマ宇宙は終わり、宇宙は中性化した。そのとき、電磁波はプラズマによる散乱を受けなくなるので、宇宙を自由に伝播できるようになった。この頃の宇宙の温度は３０００Ｋであり（ここでＫは絶対温度の単位。摂氏との関係は０Ｋ＝マイナス２７３・15℃）、宇宙はその熱放射（熱によって電磁波を放出する現象）で満たされていた。この熱放射を現在観測すると、宇宙膨張の影響で波長が延びて観測される。波長が延びると、電磁波の色は赤くなるので、この現象は赤方偏移と呼ばれている。

現在の宇宙は宇宙年齢38万年の頃に比べると、約１０００倍大きくなっているので、熱放射の波長は１０００倍長くなって観測される。波長が１０００倍長くなると、電磁波のエネルギーと温度は１０００分の１に下がる。したがって、現在、この熱放射を観測すると、３Ｋの温度の熱放射として、マイクロ波という電波の波長帯で観測される。これが、宇宙マイクロ波背景放射の正体である。この熱放射の存在は、ビッグバンが起こった観測的な証拠である。ガモフは論文の中で、５Ｋで観測されるだろうと予言していた。

夜中にテレビの番組が終わったあと、テレビから流れる「ザーッ」という音を聞いたことがあるかもしれない。この雑音の約１割は宇宙マイクロ波背景放射だ。つまり、この「ザーッ」という音を聞いたことがある人は、ビッグバンの証拠を自分の耳で確認したことになる。おめでとう。

６　銀河の誕生

宇宙の中では、ダークマター（暗黒物質）の重力に導かれ、普通の元素でできた物質が集められていく。宇宙誕生後１億年から数億年経過したときに（平均して約２億年）、宇宙最初の星が生まれ始めた。初代星の誕生である。

その前は宇宙には１つも星がないので真っ暗だった。そのため、宇宙最初の約２億年間は、宇宙の暗黒時代と呼ばれている。

７　銀河の進化

元素由来の物質を含む暗黒物質の塊（ダークマター・ハロー）は合体を繰り返しながら成長し、銀河を形作っていく。実際には、ダークマター・ハローに含まれている普通の元素でできたガス雲の中で星が生まれ、それらが集積されて銀河として育っていく。この考え方は階層構造的合体モデルと呼ばれる。

8　現在

宇宙の年齢は１３８億歳になり、美しい銀河に彩られた宇宙になった。私たちの住んでいる天の川銀河もこうやって生まれ、育ってきたのである。

地球を含む太陽系は宇宙年齢92億年の頃に誕生し、現在46億歳を迎えている。その地球で私たちは生まれた。そして、この宇宙を観測して調べているわけである。

「無」から始まる宇宙

ここまで説明したのがビッグバン宇宙論の全貌だ。分かりやすいように、そのシナリオが確定しているかのように書いたが、決してそうではない。宇宙の誕生については現代物理学をもってしても、よく分からないことが多い。また、観測できないという問題もある。観測できなければ検証もできない。そのため、理論的に可能性のあるモデルを吟味するしかない。

それが「宇宙誕生論」の研究の現状である。

宇宙が膨張していることは観測事実だ。時間を過去に遡っていくと、宇宙はどんどん小さい状態になる。最終的には点のような状況に行き着く。それをどう考えるか。これが宇宙におけるゼロの存在を探るうえで重要になる。

ここで、１つの有力なモデルが、ビッグバン宇宙論の説明でも使用した「無から宇宙が生まれた」という説である。ウクライナ生まれの物理学者アレクサンダー・ビレンキンが１９８２年に提唱したモデルだ。論文のタイトルは「Creation of universes from nothing」。まさに、無からの宇宙創生だ。

何もない状態からこの広大な宇宙が生まれたとは想像しにくいだろう。しかし、現在の物理学の描像では、無の世界ですら揺らいでいると捉える。たとえば、「真空」という言葉を聞くとどう思うだろうか？　厳密に真空ならば、そこには何もないはずである。しかし、物理学でいう真空は少し違う。

あるエネルギーを持っていてもよいのだ。しかも、そこでは粒子と反粒子が生まれたり消えたりしている（図３-２、１１２ページ）。先ほど述べた対生成と対消滅と呼ばれる現象である。真空とはいえ、ずいぶん賑やかな世界なのだ。

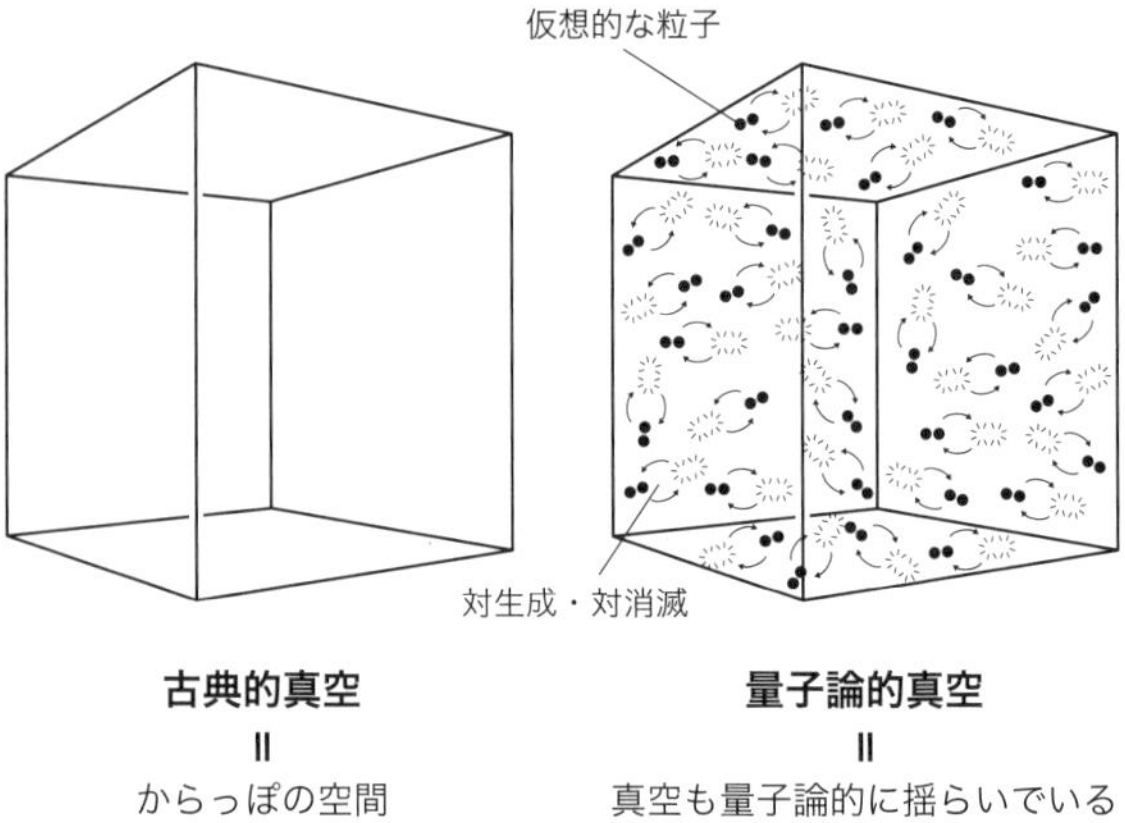

図3-2　古典的真空と量子論的真空の違い

図表はhttps://www.icepp.s.u-tokyo.ac.jp/docs/kouen_satou.pdfをもとに作成。

　あるとき、エネルギーを持った場所が発生したとしよう。そのとき、空間と時間を併せ持つ宇宙が誕生する確率を計算することができる。それは宇宙のシュレディンガー方程式と呼ばれるものだ。この方程式は、ミクロの世界を記述する量子力学で用いられる基礎方程式であり、エルヴィン・シュレディンガー（１８８７‐１９６１）によって１９２６年に提唱された。

　このシュレディンガー方程式を使うと、ミクロな物理系（量子系と呼ばれる）の状態や時間変化を調べることができる。宇宙のシュレディンガー方程式は、正式にはホイーラー・ドウィット方程式と呼ばれ、宇宙全体に適用できる形式になっている。アメリカの物理学者ジョン・ホイーラー（1911‐2008）とブライス・ドウィット（1923‐2004）が導出したことに由来するものだ。

ビレンキンはこの方程式を用いて、宇宙が「無」から生まれる確率を計算してみた。すると、確率はゼロでないことが分かったのである。ビレンキンは確率がゼロでないなら、宇宙は生まれてよいはずだと閃《ひらめ》いたのだ。物理学者は確率がゼロでない場合、その現象は起こり得ると考える。それは科学的に正しい考え方である。

では、無から宇宙が生まれるとどうなるのか。そのとき、空間と時間が生まれたのである。つまり、この宇宙が誕生する前には時間すら存在しなかったことになる。宇宙誕生の前に何があったのか。この問いには何もなかったと答えるしかない。

ところで、ビレンキンの論文のタイトルを今一度見ていただきたい。注目すべき言葉は「universes」である。「a universe（1つの宇宙）」でもなく、「the Universe（私たちの住む宇宙）」でもない。「universes」の意味するところは、宇宙はいくつでも生まれ得るということだ。

生まれた瞬間は確定できない

ビッグバン宇宙論の枠組みをざっと見てみた。

このシナリオの中にゼロという言葉を見つけることはできただろうか。

宇宙の年齢は１３８億歳なので、始まりがあったことになる。宇宙が無から誕生したとき、空間と時間が生まれた。したがって、生まれた瞬間は時間$t=0$であり、形式的にはゼロがあったことになると考えたくなるのが道理だろう。

ただ、ここで立ち止まって考えてほしいことが１つある。私たちはこの宇宙が誕生した瞬間を確定できるのだろうか。いい換えれば、時刻$t=0$を確定できるかという問題である。

答えはノーである。先ほど「無」の中では、すべての物理量が揺らいでいるとお伝えした。それは時間も例外ではない。時間も揺らいでおり、ある微小な幅を持ってしか議論できないのだ。つまり、この宇宙は誕生日（誕生時というべきか）を確定できないのである。

いえることは、「この宇宙は誕生した」ということだけだ。

3-2　原子のその先へ

物質の根源

ここまでは大きな世界でゼロの存在を探してきたが、ここからは小さな世界にゼロは存在するかを考えてみよう。

宇宙とは何か？　この問いは時として、この世界を形作る「根源的なもの」は何かという問題にも置き換えられてきた。しかし、この問題について明快な答えを用意することは難しい。そもそも、根源的なものは小さいからだ。見えないものを理解するのは難しい。

そのため、古代ギリシアの時代から長い間信じられてきたのは、人間の五感に頼ったものであった。いわゆる「四元素論」である。

火、空気、水、そして地（土）。これらが四元素である。古代ギリシアの自然哲学者エンペドクレス（ＢＣ４９０頃‐ＢＣ４３０頃）が提唱した説だが、四元素は物質のアルケー（根源や原初）という意味を持つ。アリストテレスも、これら４つを単純物体とし、万物はこれらの複合体として構成されていると提唱した。

原子論までの道のり

一方、古代ギリシア時代にはイオニア学派の自然哲学者らによって最小物質単位としての「原子（atom）」の存在が議論されていた。ギリシア語で「a」は否定を表す接頭辞であり、「tom」は分割を意味する。つまり、「atom」は分割不可能なものを意味する。物質を構成する最小単位があるという考え方も、古代ギリシア時代に出てきていたのだ。

根源を意味する言葉はほかにもある。それは「モナド」だ。ギリシア語の数字の１（monos）に由来する。日本語では「単子」と訳されている。古代ギリシア時代のピタゴラス（BC５８２-BC４９６）やプラトン（BC４２７-BC３４７）らが考えた哲学的な意味での「不可分なもの」を意味する。中世にはドイツの哲学者ゴットフリート・ライプニッツ（１６４６-１７１６）によるモナド哲学として、ふたたび注目を集めた。「単子」という言葉から分かるように、現代的な意味での「原子」に相当する考え方である。しかし、その後は長い冬の時代が続いた。結局、原子論が科学的な議論の対象となったのは20世紀になってからのことだった。

このように原子論はなかなか日の目は見なかったが、元素（物質の元となる成分）に対する認識は、じつは古代からあった。鉄、金、銀、銅などの鉱物の存在が早くから知られていたからである。

実際、17世紀になると、アイルランドのロバート・ボイル（１６２７－１６９１）は原子論と元素をつなぐ先見的な研究をした。古代の四元素説などからの脱却を提案し、現代的な意味での原子論への道を切り開いたのだ。そして、イギリスのジョン・ドルトン（１７６６－１８４４）の原子説へと受け継がれていくことになった（図３－３、１１８ページ）。

19世紀を迎えると、ナトリウムやカルシウムなど、今ではお馴染みの元素が同定され始めた。そして、19世紀後半には、元素の周期律表が作られ始めたのである。それでも、原子のことがよく理解されていたわけではなかった。実際、元素の周期律表が理論的に解明されたのは、20世紀に入って量子力学が整備されてからであった。

ただ、20世紀を迎える直前に１つの燭光《しょっこう》が見え始めた。ニュージーランド生まれで、イ

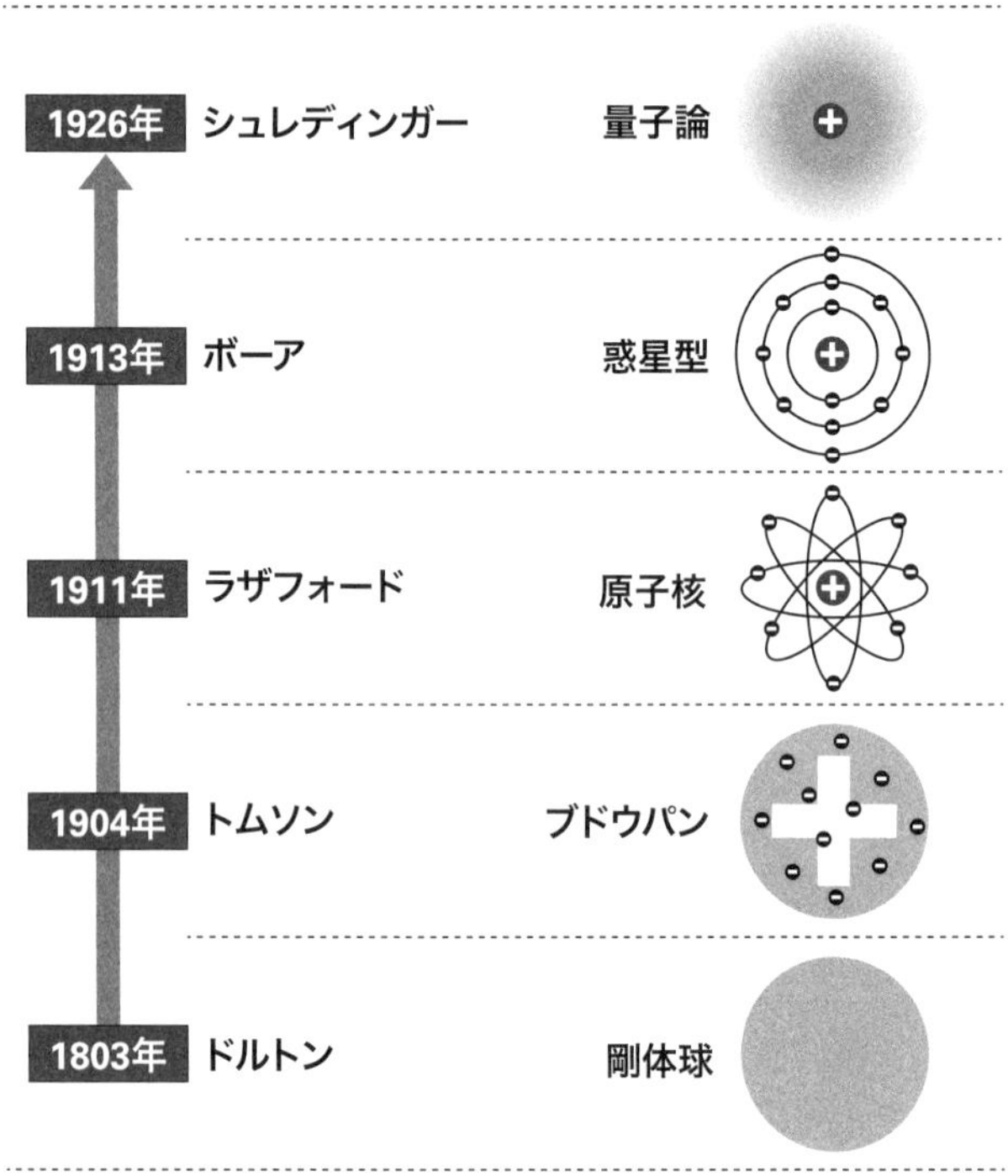

図3-3　原子核モデルの進展

ジョン・ドルトンの原子説は剛体球モデルであった。そこから約100年後、ウィリアム・トムソンによりブドウパンモデルが提唱される。これは正電荷の中に負電荷が埋まっているとするものだ。続いてアーネスト・ラザフォードが、正電荷を持つ原子核が原子の中心に位置し、その周りを負電荷の電子が回っている原子核モデルを提唱。さらにニールス・ボーアが量子力学的に矛盾しない惑星型モデルを提案した。これは電子が量子化されたエネルギー準位に、パウリの排他原理を順守しながら定在するとしている。そして、エルヴィン・シュレディンガーが量子力学に基づき、電子は点状ではなく、雲状に分布しているとするモデルを提唱。これが、現在の原子の理解にもなっている。

ギリスで研究を展開したアーネスト・ラザフォード（１８７１‐１９３７）はウランから２種類の放射線が出ていることに気がついたのだ。１８９８年のことである。彼はこれらの放射線をアルファ線とベータ線と名づけた。

ラザフォードの発見を契機にして、アルファ線とベータ線の正体を突き止める実験が始められた。まずベータ線だが、イギリスの物理学者ジョセフ・ジョン・トムソン（１８５６‐１９４０）が真空にしたガラス管に電圧をかけて放射線を調べる実験から、原子に負の電荷を持つ未知の粒子が含まれていることを突き止めた。これがベータ線の正体であり、電子と名づけられた。

そして、ついに原子核もその存在が明らかになった。ラザフォードは原子核の散乱実験（この散乱はラザフォード散乱と呼ばれる）を行い、アルファ線の正体がヘリウム原子核であることを突き止めたのである。のちにラザフォードは別の実験から陽子の存在も突き止める。

一方、中性子の発見は、原子核の基本粒子である陽子の発見から10年以上も遅れた。陽子とほぼ同じ質量を持ち、電荷を持たない粒子（中性子）があることに、しばらく誰も気づかなかったのである。原子核の衝突実験で正体不明の放射線が出ていることは分かっていた。しかし、この放射線は電場の影響を受けないので電気的には中性だった。そのため、エネルギーが高く、質量のない光子であるガンマ線だと思われていたのだ。

しかし、このガンマ線説に疑問を持った人がいた。イギリスの物理学者ジェームズ・チャドウィック（１８９１‐１９７４）である。彼は正体不明の放射線が陽子を散乱する性質を持っていることに着目した。この性質は陽子とほぼ同じ質量を持っていることを示唆する。

そこで、陽子をたくさん含む物質への衝突実験を行い、質量測定の精度を高めた。その結果、この放射線の正体が、陽子とほぼ同じ質量を持つ電気的に中性の粒子であると断定することができたのである。こうして、１９３２年にようやく中性子の存在が明らかになった。

原子核の構造

さて、陽子、中性子、そして電子のそろい踏みとなったわけだが、それでも原子核の正しい理解までにはもう少し時間がかかった。量子力学の発展を待つ必要があったからだ。

ここで、一足飛びにゴールには行かず、まずは原子の構造について整理しておこう。

原子核にはその構成要素となる核子（つまり陽子と中性子）がある。水素原子の場合、核子として陽子が１個ある。原子のサイズは10^{-10}メートルだ。他方、陽子には荷電半径と呼ばれる半径があり、次の値である。

陽子の半径＝０・８５７２×10^{-15}メートル

つまり、核子は原子のスケールから見ると、４桁も小さな領域にあるのだ。

一方、電子の大きさの目安として、古典半径と呼ばれる数値がある。

電子の半径＝２・８１７９×10^{-15}メートル

そして、電子は軽い。その質量は陽子の質量の約２０００分の１である。

では、これら陽子や電子、それに中性子はどうやって原子を形作っているのだろうか。その答えとして人類が得た答えは、図３‐３（１１８ページ）に示した通り「原子核には陽子と中性子が集まっていて、その周りに電子がある」というものである。

しかし、これには困った問題も残されていた。原子核を構成する陽子や中性子はどのように結びついているのかが説明できなかったのである。

陽子と電子の場合は問題ない。たとえば、水素原子は陽子と電子が1個ずつで構成されており、陽子はプラスの電荷、電子はマイナスの電荷を持っているため、電磁気力で結びついていると理解すればよい。

一方、陽子と中性子でできた原子核はどのような力で安定して存在しているのだろうか？　仮に原子核が陽子だけからできているとしよう。すでに述べたように、陽子は正電荷を持つので、陽子同士が近づくとクーロン力が斥力として働く。したがって、このクーロン斥力に逆らって、陽子同士を結びつける何らかの力がないと、原子核は壊れるはずだ。しかし、壊れていない。

そして、中性子。これまた新たな問題が生まれる。なぜなら、電気的に中性な中性子にはそもそもクーロン力が働かない。しかも、重力はあまりに弱く、原子核の世界では無力である。

いったい、陽子や中性子はどんな力で、安定に結びつけられているのか？　つまり、20世紀前半の原子核の研究には、原子核を安定させる「核力は何か？」という大問題が残されていたのである。

ある夜の閃き

この解決を提示したのが湯川秀樹である。中間子論のことだ。最終的な答え（後ほど紹介するクォークに働く強い力）とはならなかったものの、素粒子物理学に大きな貢献をしたアイデアである。日本人にとっては大変嬉しい話なので、少し詳しく紹介しよう。

湯川も核力とは何かという大問題に大いなる関心を持っていたのだが、しばらく名案は浮かばなかった。ただ、湯川には1つ気になる物理現象があった。それはベータ崩壊と呼ばれる現象だった。

これは端的にいうと、核子から、電子（ベータ線）とニュートリノが放出される現象である。中性子が陽子に変化するときに観測されるのだが、これはある意味で驚きの現象だ。中性子という核子が、陽子という別の核子に変わるからだ。

なぜ核子の種類が変わるような大事件が起こるのだろうか。この現象では電子とニュートリノが放出されるが、ひょっとしたら、これらの粒子が核子の変換を媒介しているのだろうか。このように考えを進めていくと、原子核を結びつける力（核力）も何らかの粒子が媒介することで、生まれていると考えてもよいのではないか。

こんなことを考えているうちに、ある日の夜、湯川は閃いたのだ。その夜の出来事を湯川の著書『旅人　ある物理学者の回想』で見てみよう。

> 十月初めのある晩、私はふと思いあたった。核力は非常に短い到達距離しか持っていない。それは十兆分の二センチ程度である。このことは前からわかっていた。私の気づいたことは、この到達距離と、核力に付随する新粒子の質量とは、互いに逆比例するだろうということである。こんなことに、私は今までどうして気づかなかったのだろう。
> あくる朝、さっそく、新粒子の質量を当ってみると、電子の二百倍程度になることがわかった。それはプラスまたはマイナスの電気を持っていなければならない。こんな粒子はもちろん、まだ全然見つかっていなかった。

この新粒子が中間子である。

少し補足しておこう。陽子と陽子を衝突させる実験をすると、核力で散乱され始める陽子間の距離は２×10^{-15}メートルとなる。これは、核力は２×10^{-15}メートルの距離までは到達しているということである。核力も遠隔力ではあるが、極めて短距離の間でしか働かない力であることが分かる。

　そして、湯川はこの力を媒介するのが中間子だと考えたわけである。陽子が中性子になるとき中間子を放出するとしよう。核力の到達距離は２×10^{-15}メートルなので、これを頼りに、湯川は頭の中に浮かんだ新しい粒子の質量を計算してみた。

　湯川が得た値は１・７×10^{-28}キログラムであった。電子の質量は９・１×10^{-31}キログラムなので、その約２００倍になる。一方、陽子と中性子の質量は１・７×10^{-27}キログラム。新粒子の質量は陽子と中性子の質量、そして電子の質量の中間である。だから、中間子という名前になったのである。

　湯川の中間子論の論文公表は１９３５年のことだ。そして、湯川の予言したパイ中間子はイギリスの物理学者セシル・パウエル（１９０３‐１９６９）らによって１９４７年に発見された。１９４９年には湯川はノーベル物理学賞を受賞した。今では、数十種類の中間子の一群の存在も実験的に確認されている。こうして、湯川は激動の中間子論の時代を駆け抜けたのである。

『四書五経』のご利益

湯川秀樹の著書『旅人 ある物理学者の回想』を紹介したが、その中に面白いエピソードが紹介されている。祖父から指導を受けて、湯川は『四書五経』の音読を始めたというのだ。湯川がまだ5歳か6歳の頃だったという。

四書は「論語」「大学」「中庸」「孟子」。そして五経は「易経《えききょう》」「書経」「詩経」「礼記《らいき》」「春秋」である。儒教の経書だ。湯川は意味が分からないまま音読していたとのことだが、のちになってその音読がなにがしかの効果をもたらしてくれたのではないかと述懐している。

また、同様の『四書五経』の音読で育ったもう1人の著名人をご存知だろうか。詩人・童話作家として有名な宮沢賢治（1896-1933）である。賢治の場合は、母であるイチの言いつけで『四書五経』を音読していたという（阿部友衣子・志田澄子『啄木賢治の肖像』より）。湯川と同様に子供だったので、もちろん意味が分かるわけではない。それでも、とにかく暗記するほど音読を続けたというのだ。また賢治が3歳の頃、伯母のヤギ（賢治の父の姉）が親鸞《しんらん》の『正信偈《しょうしんげ》（正信念仏偈）』や蓮如の『白骨の御文章《おふみ》』を子守唄がわりに聴かせたら、賢治はそれらを暗唱したというからすごい（山内修編『年表 作家読本 宮沢賢治』より)。

『四書五経』の音読が本当に効くかどうかは知らないが、『四書五経』が2人の天才の共通点だったことには驚いた。流れのよい、音楽のような『四書五経』が脳細胞を活性化してくれるのだろうか。わずか2人の例なので、結論は出せない。しかし、やや気になるところだ。功成り名遂げてみたい場合、『四書五経』の音読がよいのかもしれない。とはいえ、まずは本書を読了されてから、『四書五経』に挑戦していただきたい。

閑話休題。

湯川秀樹の中間子論

原子核の核子の間に働く力は核力であるが、「強い力」あるいは「強い相互作用」とも呼ばれている。この核力の解明に重要な役割を果たしたのが、湯川秀樹による中間子論であった。

湯川が中間子論を提案した当時、まだクォークのことは知られていなかった。そのため、

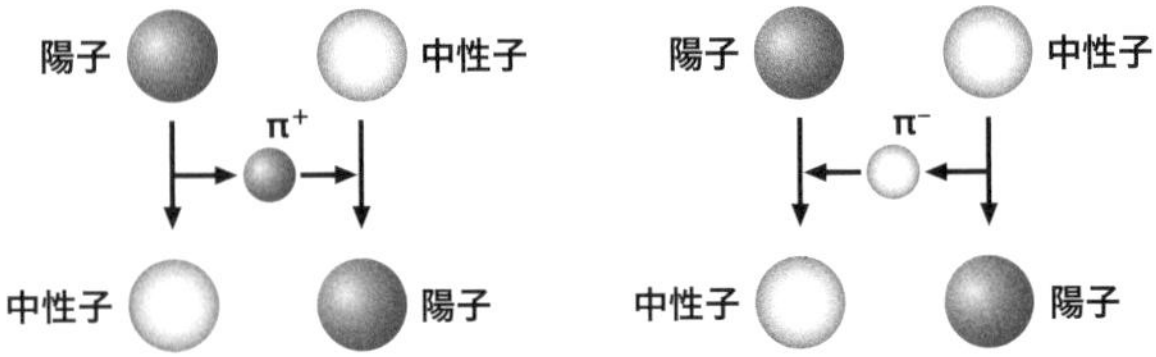

図3-4　湯川秀樹の中間子論にもとづいた陽子と中性子の関係

この図はパイ中間子が陽子と中性子を結びつけるという湯川のアイデアに基づいている。左はπ^+中間子が媒介する場合、右はπ^-中間子が媒介する場合を示す。

湯川の中間子論はクォーク発見以前のステータスでできあがっている。そのため、現在の理解では、強い力の働く様子は湯川が考えたものと比べると極めて複雑なものになっている。ただ、ここではエッセンスとして湯川の提案した中間子論に基づいて、核子の間に働く「強い力」を捉えておくことにしよう。

まず、陽子が中性子と強い力で相互作用する場合、パイ中間子のうちπ^+中間子が媒介する（図3-4左）。つまり、陽子の持っていた正の電荷はπ^+中間子が持ち出し、この電荷は核子として含まれている中性子に与えられ、陽子に変換される。一方、π^-中間子が媒介する場合、陽子は中性子に、中性子は陽子に変換される（図3-4右）。こうして陽子と中性子の間でパイ中間子のやり取りが行われ、原子核そのものは強い力に守られて存在し続けると、湯川は考えたのだ。

ここでは湯川の新しい粒子の導入で核力の本質を理解する

試みを紹介した。現在では、原子核を結びつける核力の正体はグルーオンと呼ばれる粒子であるとされている。したがって、湯川の中間子論は間違っていたのである。しかし、新粒子の交換が核力を担うという発想は正しかった。湯川の素粒子物理学への貢献は大きい。

根源となる粒子

このように核力の理解は、湯川による中間子論で大きな進展を見た。しかし、これで積年の夢だった原子論の決着がついたかというと、そうではない。

1960年代から加速器を使った高エネルギーの実験が進むにつれて、陽子や中性子などの核子と中間子の仲間が、合わせて100種類以上も確認されるようになったのだ。そのため、陽子や中性子（中間子も含めて）は最小単位の素粒子ではなく、より根源的な素粒子があるのではないかと考えられるようになったのだ。

そして、その答えが「クォーク」である。クォークの名前はアメリカの物理学者マレー・ゲルマン（1929‐2019）によって提案されたものだ。このクォークには3世代ある

		第1世代	第2世代	第3世代
電荷	+2/3 e	アップ（u）	チャーム（c）	トップ（t）
	−1/3 e	ダウン（d）	ストレンジ（s）	ボトム（b）

表3-1　クォークの世代と電荷

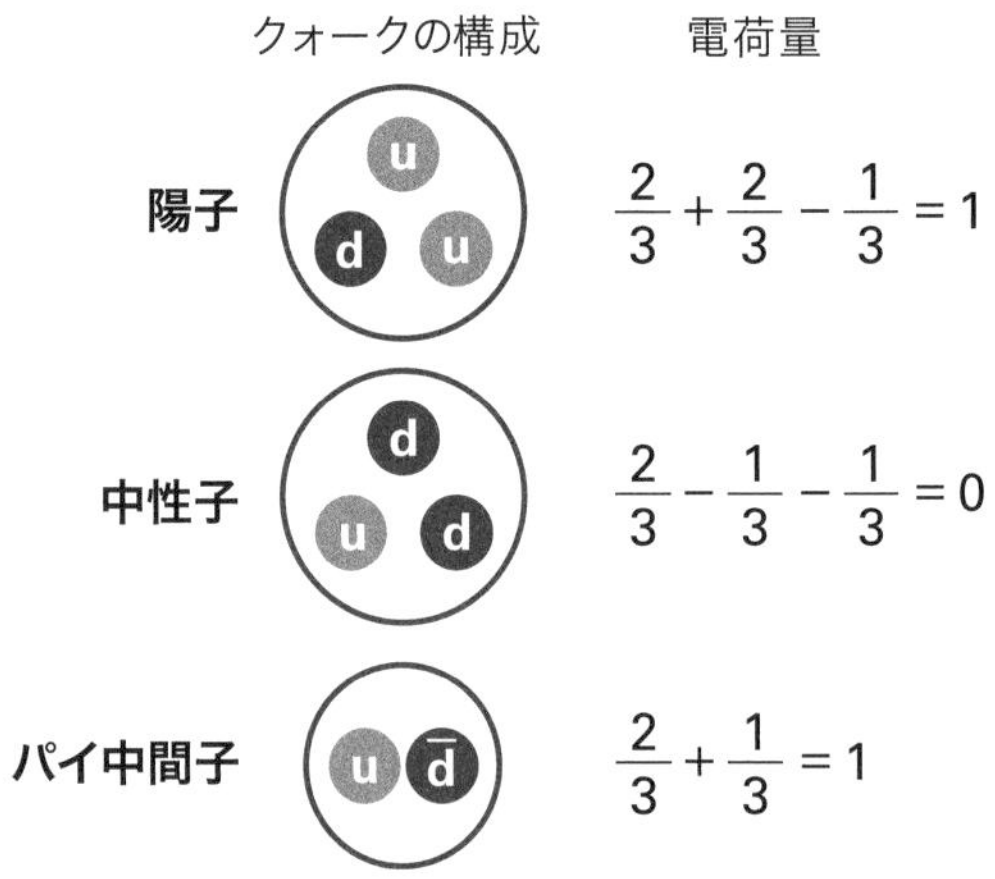

図3-5　陽子、中性子、パイ中間子を構成するクォークと電荷量

中間子はクォークとその反粒子である反クォークのペアで構成される。核子（陽子や中性子）と中間子を構成するクォークは、グルーオンと呼ばれる粒子を介して強い力で拘束されているため、これらは原子核の中に閉じ込められている。なお、電荷量の単位は e クローンである。

ことが分かっている（表３‐１）。私たちの知る物質は第１世代のクォーク、つまりアップ（ｕ）とダウン（ｄ）という名前のクォークで成り立つ。私たちの身体もそうだ。ちなみに、このアップとダウンという名前はクォークの「フレーバー（香り）」と呼ばれている。

　陽子はｕｕｄの組み合わせで＋１の電荷を持つ。一方、中性子はｕｄｄの組み合わせで電荷が０になっている。一方、中間子は２つのクォークからなっている。中間子はクォークと（電荷が逆転している）反クォークの組み合わせで電荷を０か±１になるようにしている。たとえば、マイナス１の電荷を持つ場合は、反アップ・クォークとダウン・クォークを組み合わせるという具合である。巧みな技というしかない（図３‐５）。

　クォークは非常に強い糊のような力が媒介することで結合されていて、決して離れることがない。この力が「強い力（強い相互作用）」である。クォークは分割不可能な存在であり、まさに物質世界の根源的な構成要素なのだ。なお、強い力を媒介する粒子は糊を意味する言葉として、グルーオンと呼ばれている。

　こうして物質の根源は原子ではなく、クォークであることが分かってきた。目に見える物質世界から、原子、原子核、核子（陽子や中性子）、基本構造としてのクォークという階層構造がようやく見えてきたのである（図３‐６、１３２ページ）。クォークのサイズは10^{-18}メート

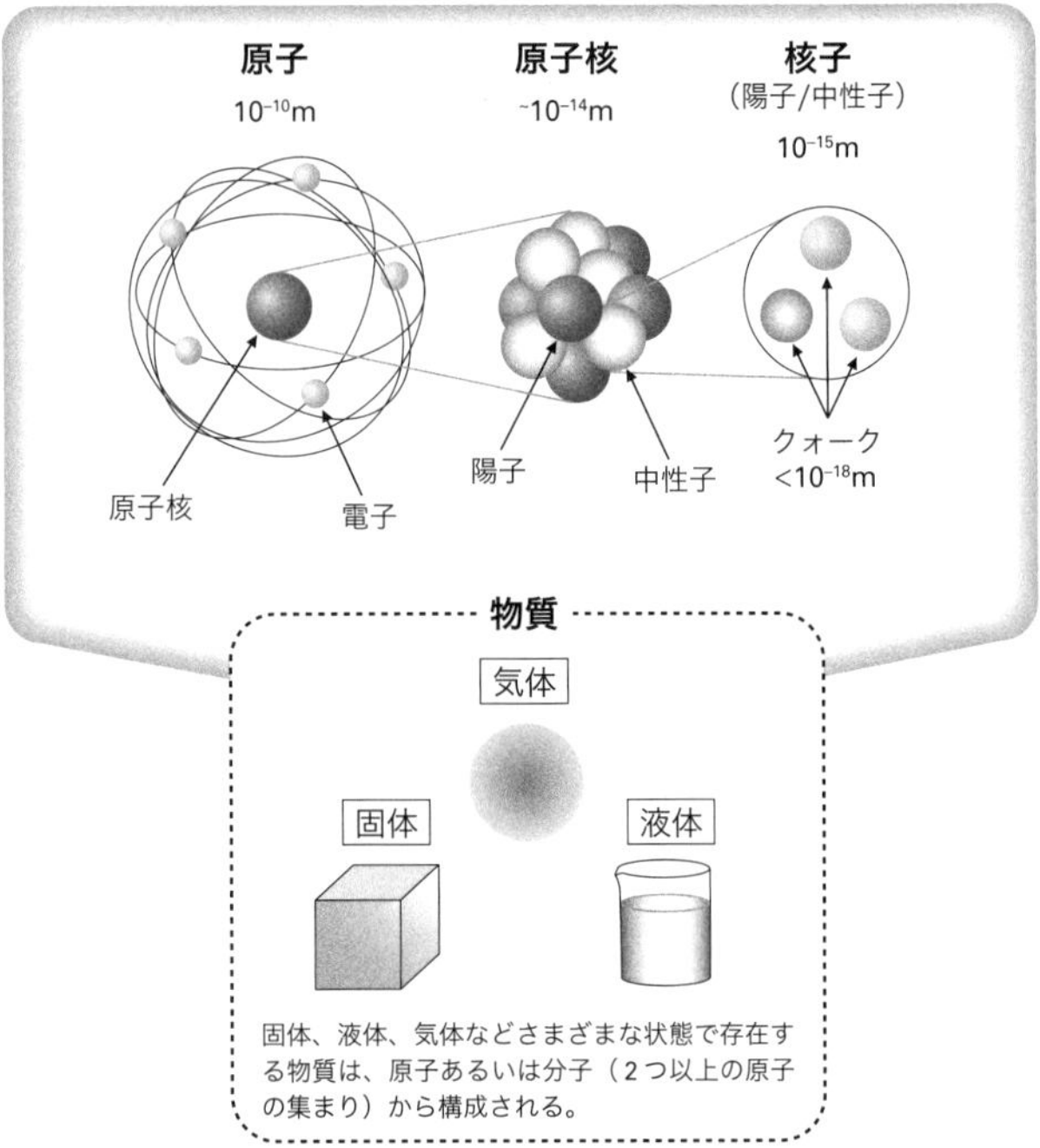

図3-6　物質の階層構造

図表は天文学辞典（日本天文学会）HPの図をもとに作成。

ル。陽子や中性子の１０００分の１程度しかない。

古代ギリシアの哲人たちが考えたモナドのゴールはここにあった。そして、大事なことは素粒子のサイズはゼロではないということである。基本粒子は点ではないのだ。

17種類の基本粒子

現在までに確認できた、素粒子の標準模型に含まれている17種類の基本粒子をまとめておこう（図３‐７、１３４ページ）。

図３‐７の一番右上に「ヒッグス粒子」が示されている。これは質量の起源となる基本粒子である。すべての素粒子は、誕生したときには質量を持たなかったと考えられている。しかし、実際には光子を除いて素粒子は固有の質量を持っている。これらの素粒子はヒッグス粒子の作る「場」を通過するときに、質量を獲得したと考えられている。

なお、ヒッグス粒子の存在はスイスにある大型ハドロン衝突型加速器（ＬＨＣ）の実験で確認された（２０１２年）。ヒッグス粒子の名前はイギリスの物理学者ピーター・ヒッグス

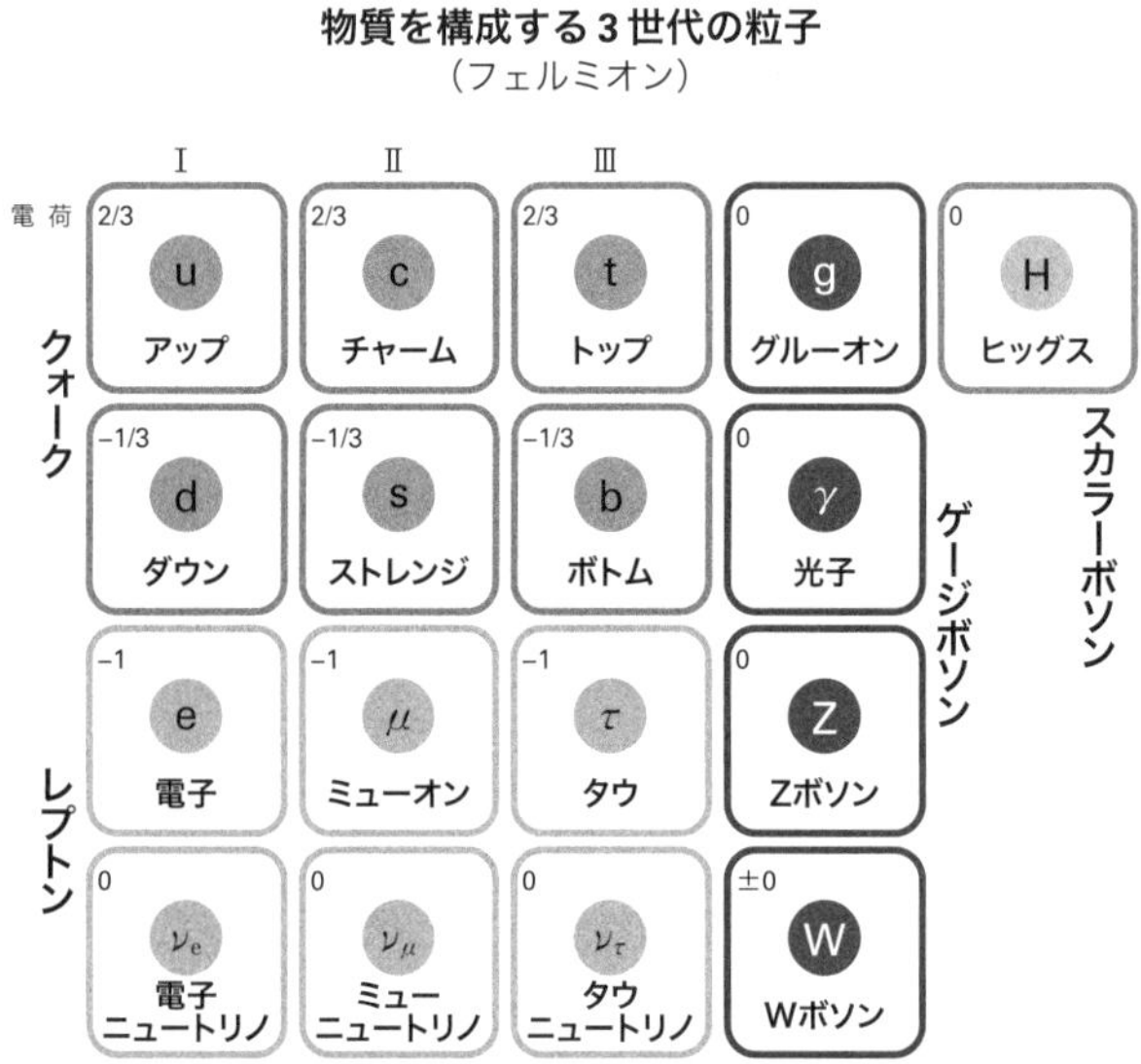

図3-7　素粒子の標準模型に含まれる17種類の基本粒子

（１９２９‐）にちなむ。彼はこの功績でノーベル物理学賞を２０１３年に受賞した。

３‐３　遠隔力しかない宇宙

宇宙を動かす４つの力

この宇宙の基本的な力は、わずか４種類しかない。

・重力
・電磁気力
・強い力
・弱い力

これですべてだ（表３‐２、１３６ページ）。

力	力の強さを決める物理量	力の種類	相互作用距離（結合定数[*1]）	力の性質
重力	質量	遠隔力	無限大 （6×10^{-39}）	逆二乗則
電磁気力	電荷	遠隔力	無限大 （1/137）	逆二乗則
強い力	色電荷	遠隔力	10^{-15}メートル (1)	距離が大きいと強い漸近的自由性がある
弱い力	色電荷	遠隔力	10^{-11}メートル (10^{-5})	湯川ポテンシャル

[*1] 結合定数は力の強さを表すパラメータである。この表では強い力を1としたときの相対的な値を示している。

表3-2　自然界の4つの力とその性質

重力と電磁気力は高校の物理で習うので、耳に馴染んだ力である。

しかし、先ほど出てきた「強い力」と「弱い力」は普段耳にすることはあまりない。これら2つの力は、原子のスケールで働いている力である。「強い力」は原子核を安定して維持するための力。一方、「弱い力」は逆に原子核を壊す力である。

宇宙はこれら4種類の力で操られている。

力を伝えるもの

クォークには色電荷という物理量が導入された。ここで、色電荷の意味を整理して

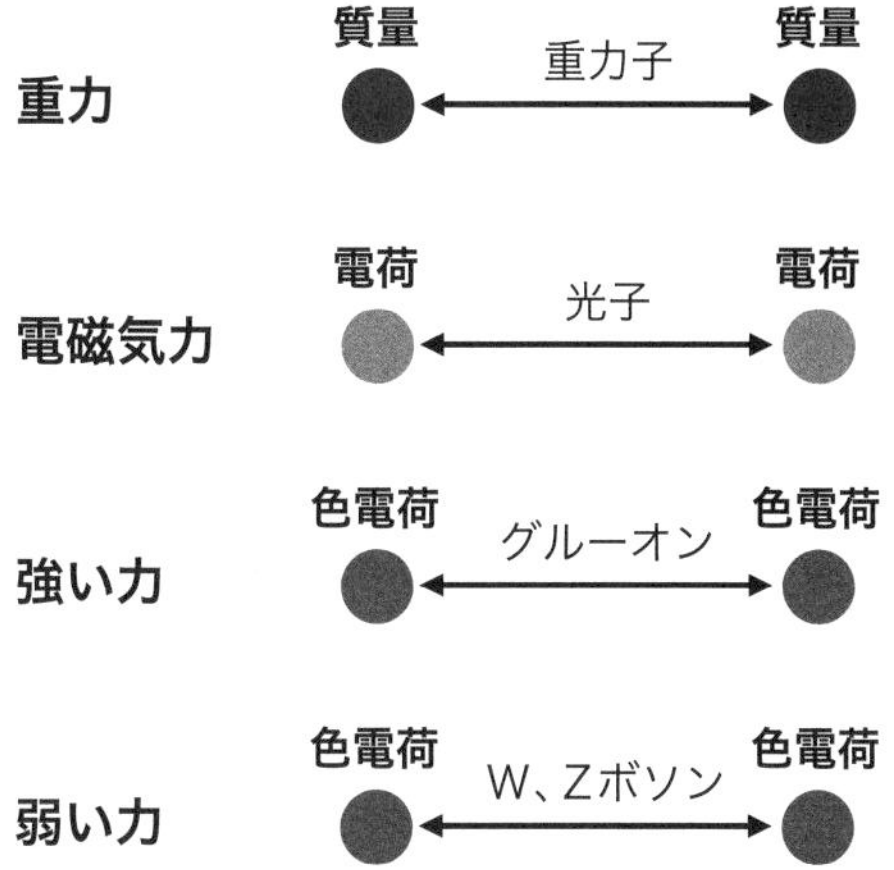

図3-8　4つの力を伝えるもの

おこう。

　2個の物体（粒子）がある。重力の場合、その強さは2個の物体の質量の積に比例する。また、電磁気力の場合、その強さは2個の物体の電荷の積に比例する。この論理と同じで、強い力の場合、その強さは2個の物体（ここではクォーク）の色電荷の積に比例すると考えるのである。

　図3-8に、強い力と併せて重力、電磁気力、そして弱い力を伝えるものについてまとめておいた。重力の場合は重力子（グラビトン：ただし未検出）、そして電磁気力の場合は光子（フォトン）である。強い力を伝えるものは、グルーオンである。この図には、本書では詳しく説明しない「弱い

力」についても入れておいた。弱い力を伝えるものはWボソンとZボソンと名づけられた粒子である。詳しくは拙著で恐縮だが、『宇宙を動かしているものは何か』を参照されたい。

力の分化と宇宙の相転移

無から生まれた宇宙では時が流れ出し、空間もある。空間にまだ物質はないが、エネルギーはある。言葉を変えていえば、有限のエネルギーを持つ真空があることになる。こうして生まれた宇宙（真空）は、そのエネルギーを利用して急激な膨張を始める。これがインフレーションと呼ばれる現象である。日本の佐藤勝彦（１９４５-）とアメリカのアラン・グース（１９４７-）の２人が、それぞれ１９８１年に提唱したアイデアである。インフレーションという名前はグースがつけたものだが、論文の投稿は佐藤のほうが早い。

この膨張は宇宙の状態を変えながら進行していく。これは物理の世界では「相転移」と呼ばれる現象である。一番身近な例でいうと、水の相転移である。水は温度が１００℃を超えると水蒸気（気体）の状態だが、１００℃以下になると水（液体）になる。そして、０℃以下になると、今度は氷（固体）へと変化していく。つまり、次のように状態（相）が変化していく。

気体（気相）→液体（液相）→固体（固相）

この変化を相転移と呼んでいる。ただ単に相が変わるだけなら、相変化である。相が変わるとき、エネルギーの出し入れがあるときを区別して相転移と呼ぶ。

エネルギーを持つ真空でもこれと同じ現象が起こる。物理でいう真空では、仮想的な粒子とその反粒子が生まれたり（対生成）、消えたり（対消滅）している。仮想粒子なので普通の物質ではないが、形式的には真空にも物質があると見なしてよい。そのため、状態の変化に伴う相転移が起こり得るのである。

生まれた瞬間、宇宙はエネルギーを持っている。このエネルギーが起爆剤となって膨張を始める。たとえば、地上でボールを手に持って、ある高さのところに静止させていたとしよう。静止しているのでエネルギーは低いように思われるかもしれない。しかし、地球の重力による位置エネルギーは最大になっている。実際、ある瞬間、手を離すとボールは地面に向かって落ち始める。速度はどんどん速くなるので、運動エネルギーは増加していく。しかし、それはボールが持っていた位置エネルギーを運動エネルギーに変えているだけだ。これと同じで、(位置)エネルギーの高い状態で生まれた宇宙は、そのエネルギーを使って膨張(運動)し始めるのだ。

したがって、真空エンジンの根源は位置エネルギーである。なお、位置エネルギーは物理の世界では「ポテンシャル・エネルギー」と呼ばれる。ポテンシャルとは日常でも使うことがあるが、潜在能力を意味する言葉である。

さて、誕生した宇宙は、このような真空の位置エネルギーを使って膨張を始める。宇宙の温度は膨張するにつれてどんどん下がっていく。高温の宇宙は低温の宇宙に向かって変化していくのだ。すると、宇宙の状態は温度の低下に伴ってガラッと変わってしまう。相転移が起こるのだ。宇宙は1秒も経たないうちに4回もの相転移を経験したと考えられている。

相転移は真空の状態の変化である。そのため、相転移が起こると真空中での力の伝わりかたに変化が現れる。これが宇宙を支配する本質的な力を分けてしまうのである。

宇宙が誕生した瞬間には力は統一されていて、1つの力しかなかった。ところが、相転移が起こるたびに統一されていた力は分化し、現在の自然界にある4つの基本的な力である重力、電磁気力、強い力、そして弱い力となったのである（図3-8〈137ページ〉、表3-2〈136ページ〉）。

ここで、水が氷になるときのような急激な相転移は2回目のものが相当する。ほかの相転移はそれに比べてまだ緩やかな変化だ。2回目の相転移は宇宙年齢が10^{-36}秒のときにスタートして10^{-34}秒には終わる。このとき、宇宙は指数関数的に膨張し、宇宙はe^{100}～10^{43}倍に膨れ上がる（インフレーション）。「e」はネイピア数と呼ばれ、値は2・71828……である。高校生のとき、この値を覚えるおまじないとして「フナヒトハチフタハチ」と教わった。

この2回目のインフレーションが終わったときに解放された熱が宇宙に膨大な熱エネルギーとして残った。そのときの宇宙の温度は10^{27}K。まさに、宇宙はファイアー・ボール（灼熱の火の玉）になったのだ。この熱エネルギーで、宇宙はさらなる膨張を経験した。これが、いわゆるビッグバンである。

ここまで宇宙誕生からわずか1秒も経っていない。宇宙を支配する4つの力は、そんな短い時間に生まれたことになる（図3-9、142ページ）。

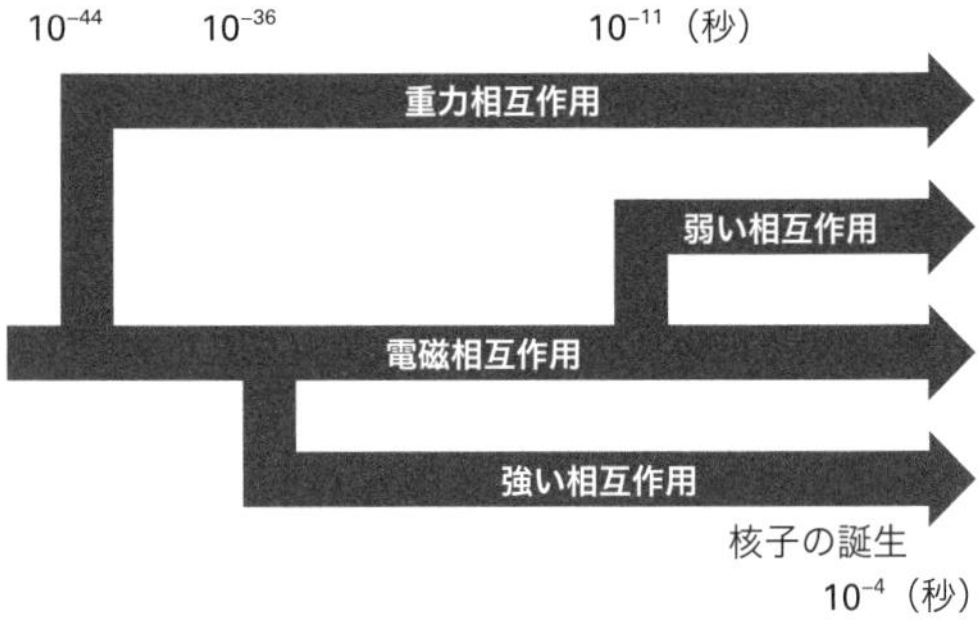

図3-9　宇宙における力の分化の様子

横軸は時間を示しており、左端が宇宙誕生の時期である。宇宙が相転移を起こす度に力は分岐してきたと考えられている。ちなみに核子が生まれたのは、宇宙の年齢がまだ0.0001秒の頃である。

力は統一できるのか？

先ほども述べた通り、これら4つの力は宇宙が誕生した瞬間には1つにまとまっていたと考えられている（図3-9）。4つの力は、最初は1つだった——。これは、4つの力を統一して理解できることを意味する。いわゆる、力の統一理論である。

相対性理論という重力理論を構築したアインシュタインの夢は、この力の統一理論を作り上げることだったが、その夢は叶わなかった。現時点で統一されているのは、電磁気力と弱い力だけであり、電弱理論あるいはワインバーグ・サラム理論と呼ばれている。これに加えて、強い力が統一されれば、大統一理論の完成である。

それでもまだ、重力はかやの外に置かれている。重力と残り3つの力の統一については、量子重力理論からのアプローチがなされている。成功すれば、「すべての力の統一理論（究極の理論）」の完成である。ＴｏＥ（Theory of Everything）と呼ばれるものだ。だが、まだ道は見えていない。

物体が接触することはない

さて、話を宇宙におけるゼロの存在に戻そう。

まずは高校物理で習った万有引力の法則を思い出してほしい。質量mとMの物体が、距離r離れたところにあると、それらには万有引力が働く。その力は次のような式で表される。

$$F = GmM/r^2$$（G：万有引力定数）

この式で注目してほしいのは、分母に出てくるr^2である。
もしrが0なら、どうなるだろうか。0での割り算は禁止されているにもかかわらず、有限な値のGmMを0で割ってしまうことになる。物理的には値が発散すると表現される。
すでに述べたように4つの力である重力、電磁気力、強い力、そして弱い力はいずれも遠隔力であった。つまり、この宇宙には何かが接触して力を及ぼすことはないのである。
大事なことは、逆2乗則に従う万有引力もクーロン力も、$r=0$を適用してはいけない力ということである。ノーベル物理学賞を受賞したリチャード・ファインマン（1918－1988）も、そのことについて注意している。

問題はゼロ距離に至るまで計算しようとすると、方程式が目の前で爆発し、無意味な答え——無限大のようなもの——が出てきてしまうことである。

（チャールズ・サイフェ『異端の数ゼロ』より）

この述懐は万有引力の計算ではなく、量子電気力学での計算でのことである。しかし、方程式が爆発するのは万有引力でも同じだ。$r=0$は魔物なのである。というよりは使ってはいけない条件なのだ。

たとえば、月と地球の関係を考えてみよう。月は地球の周りを公転運動している。月と地球は38万キロメートル離れている。もし、この距離が0になったらどうなるか。万有引力は物体の重心に働くと考えてよい。つまり、$r=0$は月と地球の重心の距離が0であることを意味する。これは、月が地球の中に入り込み、地球の重心の位置に収まることだ。月と地球は岩石の塊なので、こんなことは起こり得ない。

質点は存在しない

物理では物体の運動を考えるとき、物体の体積を0とする場合がある。そのような物体は質点と呼ばれる。これは、本来なら禁じ手である。なぜなら質点には質量がある。質点は点なので体積が0である。したがって、質点の密度は質量を体積で割ったものだが、0なので割れない。数値的には無限大に発散してしまうが、密度が無限大のものがこの宇宙にあるとは思えない。

このように質点は根本的な問題を抱えている。しかし、実際には物体の運動を考えるときには使われている。では、なぜ問題が解けていたのか？　それは単に物体の重心の運動を調べていたからである。もちろん点はないので、厳密にいえば重心は存在しない。重心と認定できる場所を重心として取り扱っていたのである。高校時代、物体を質点に置き換えて運動方程式を解いたこともあるが、考えてみれば現実には起こり得ない問題を解いていたことになる。いやはやである。

質点と同じように、高校のときに習う電磁気学で「点電荷」という言葉が出てきたことも覚えてはいないだろうか。これは「電荷は持っているが、大きさを持たないもの（粒子）」を意味している。1個の陽子と1個の電子の間に働くクーロン力は、クーロンの法則を使って計算することができる。このとき、私たちは「陽子と電子は点電荷として振る舞う」ことを仮定していた。しかし、点は存在しない。計算の際の便法として点電荷を採用していたのである。

図3‐10にヘリウム原子の様子を示したが、これを見ると分かるように、電子は雲のように分布している。電子は点ではなく、雲のような振る舞いをしているのである。

結局、質点と同じように点電荷もこの宇宙には存在しないのだ。

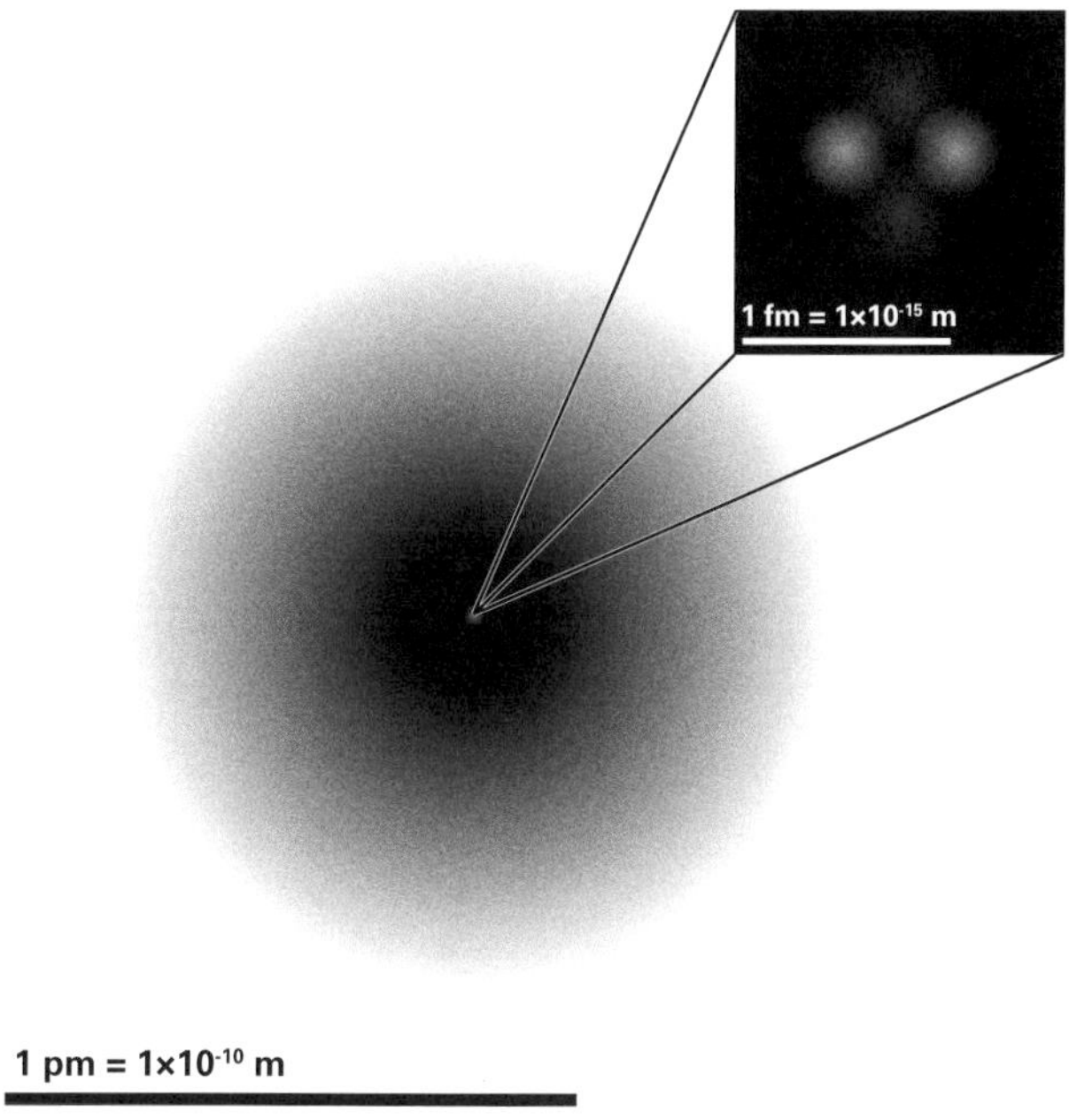

図3-10　ヘリウム原子の様子

ヘリウム原子核の周りには2個の電子があるが、粒子ではなく雲状に分布しており、この図ではグレーで描かれている。右上はヘリウム原子核で、2個の陽子（濃いグレー）と2個の中性子（薄いグレー）から構成されている。

誤解されがちな点

ここで「点」の意味を復習しておくことにしよう。点はゼロ次元であり、形や体積はない。直線は点の集合である。こう習ったものだ。しかし、これは誤りである。なぜなら、点は大きさを持たない。大きさを持たないものを無限に集めても、大きさのあるものを作ることはできない。したがって、線分は「非常に小さいもの」を集めて作るしかないのである。

では、平面はどうやって作ればよいのだろう。線分を綺麗に並べていけば、平面ができるだろうか。答えは「できない」である。なぜなら、線分は長さ方向には大きさ（1次元の長さ）を持つが、それと直交する方向には大きさを持たない。細いという表現は使えない。なにしろ、線分を切って断面を見たら、そこには点があるだけだからだ。したがって、平面を作りたければ、線分と同様に「非常に小さいもの」を集めて作るのである。

ということで、立体も同じ方法で作るしかない。

私たちの身の回りには平面や立体のものがたくさんある。これらの基本要素は点ではない。先ほど述べたように、点を集めても平面や立体を作れないからである。

実際、物体は原子や分子でできている。それらは点ではない。すでに紹介した通り、小さいながら有限の大きさを持っている（～10^{-15}メートル）これらのおかげで、平面や立体がある。点はいくらあっても役に立たない。したがって宇宙には点は必要ない。そして、それはこの宇宙にはゼロがないことも示唆している。

3-4　自然はゼロを嫌う

ここまで原子やクォークなどのミクロな世界や、世界を支配する4つの力を整理しながら、ゼロの存在に迫ってきた。ここからはまた別の角度でその存在を確かめていきたい。それは、プランク・スケールである。

自然界の基本定数

まず自然界の基本定数について整理しておこう。自然界には「普遍定数」と呼ばれるものがある（以降、定数は有効数字5桁で表す）。その中には「光速度（c）」と「プランク定数（h）」が含まれている。プランク定数の名前は、量子論の創始者であるドイツの物理学者マックス・プランク（1858 - 1947）にちなんでいる。値はそれぞれ次の通りだ。

光速度 $c = 2・9979 \times 10^{8}\ \mathrm{m\ s^{-1}}$

プランク定数 $h = 6・6261 \times 10^{-34}\ \mathrm{J\ s}$

光速度は真空中を光が伝播する速度である。光源、あるいは観測者が運動していようがいまいが、どの慣性系から見ても光速度は一定である。これは「光速度不変の原理」と呼ばれている。アインシュタインが特殊相対性理論を構築したときに採用した唯一の仮定である。

なんだか理解しがたい原理のように思われるかもしれない。なぜなら、ある光源を観測するとき、浜辺で寝転がって見ていようが、ジェット機（時速約1000キロメートル）から眺めていようが、その光源から出る光の速度は一定の値であることを意味するからだ。特殊相対性理論の意味するところは、4次元時空（空間3次元＋時間1次元）が助け合いながら光速度cが一定に観測されるように調整しているということである。

他方、プランク定数は、光子（電磁波）のエネルギー（次式のE）と振動数（次式のν）の関係における比例定数として定義されている。その関係は次の通りだ。

$$E=h\nu$$

この関係は、ある意味でプランク定数が光子のエネルギーの最小単位を与えていることにもなる。ニュートン力学で記述できるようなマクロな世界の物理量（たとえば位置や速度など）は連続的に変化できるが、基本粒子（素粒子）が活躍するミクロの世界では、さまざまな物理量が連続的ではなく、とびとびの値しか取れなくなるということだ。

プランク定数は$h/2\pi$の形で方程式に出てくることが多い。これは換算プランク定数（またはディラック定数）と呼ばれる。

$$\hbar=h/2\pi=1.0546\times10^{-34}\ \mathrm{Js}$$

なお、$\hbar$の呼び方は「エイチバー」である。

そのほかの基本定数

次に整理したい基本定数は「相互作用定数」である。これも2つある。重力（万有引力）定数（G）と単位電荷（e）である。値はそれぞれ次の通りだ。

重力（万有引力）定数 $G = 6.6743 \times 10^{-11}\ \mathrm{m^{3}\ kg^{-1}\ s^{-2}}$

単位電荷 $e = 1.6022 \times 10^{-19}\ \mathrm{C}$

ここで、単位のNはニュートン、Cはクーロンである。これら2つの定数はそれぞれ重力相互作用と電磁相互作用を特徴づける定数である。

最後に整理したい基本定数は質量に関するものである。ここでも2つの定数がある。陽子と電子の質量である。値は次の通りだ。

陽子質量 $m_{\mathrm{p}} = 1.6726 \times 10^{-27}\ \mathrm{kg}$

電子質量 $m_{\mathrm{e}} = 9.1094 \times 10^{-31}\ \mathrm{kg}$

以上が、自然界に存在する基本定数だ。ここで理解してもらいたいのは、それぞれの値がどのように使われているかではなく、これらの値は私たち人間が決めたものではないということだ。私たちはあくまで測定しただけである。物理における定数は、この宇宙が決めたものなのだ。

プランク・スケール

基本定数の紹介をした。じつは、いくつかの基本定数を組み合わせると、長さと質量、そして時間というそれぞれの次元が持つ固有の値を導くことができる。

ここでは重力定数G、光速度c、および換算プランク定数$\hbar$という3つの基本定数を使って計算してみることにしよう。３つの定数には、それぞれ単位がある。たとえば、光速度の場合は$\mathrm{m\ s^{-1}}$である。そこで、これらの定数を組み合わせて、単位がそれぞれメートル（m）、キログラム（kg）、秒（s）になるように式を組んで計算するのだ（具体的な計算は巻末の付

物理量	記 号	数 値[*1]
プランク温度	T_{pl}	1.4168×10^{32} K
プランク密度	ρ_{pl}	5.1550×10^{98} kg m^{-3}
プランクエネルギー	E_{pl}	1.9561×10^{9} J
プランク力	F_{pl}	1.2103×10^{44} N

[*1] 単位のNはニュートン、Jはジュールである。

表3-3　いろいろなプランク・スケール

録を参照)。こうして得られたプランク長、プランク質量、プランク時間は次の通りとなる。これらは総称してプランク・スケールと呼ばれる(表3-3)。

$$l_{pl} = 1.6163 \times 10^{-35}\ \mathrm{m}$$

$$m_{pl} = 2.1764 \times 10^{-8}\ \mathrm{kg}$$

$$t_{pl} = 5.3912 \times 10^{-44}\ \mathrm{s}$$

いずれも非常に小さな値である。プランク質量は1億分の1キログラムの桁だから、小さいとはいえ、まだそれほど小さな値ではない。しかし、プランク長は10^{-35}メートル、プランク時間にいたっては10^{-44}秒という小さな数値になる。なぜ、こんな小さな数値になるのだろう。この宇宙が選んだ数値とはいえ、不思議である。

そして、じつはこれらの数値は、私たちの持っている自然法則が適用できる限界を表していると考えられている。私たちの獲得してきた物理学では、プランク・スケールより小さな物理量については議論できないのである。

たとえば、プランク時間はわずか10^{-44}秒である。わずかな値とはいえ、ゼロではない。これは、私たちは宇宙が誕生した瞬間、つまり$t=0$を認知できないことを意味している。また、プランク長は10^{-35}メートルである。宇宙誕生の瞬間を認知できないことと呼応して、私たちは宇宙の大きさがゼロであったかもしれない時代については知り得ないのである。これらのことは、私たちの宇宙では、$t=0$も$r=0$（ここでrは宇宙の大きさ）も、存在しないことを意味している。

そして、もう1つ重要なことがある。私たちが手にしている物理法則は0を取り扱えない。なぜだろうか？　最も可能性の高い答えは0を取り扱う必要がないことだ。その理由は、この宇宙には0が存在しないからである。

絶対温度

すべての物体（物質）には温度がある。私たちに最も馴染みのある温度といえば気温だろう。温暖な天気が望ましいが、北半球の中緯度に位置している日本では四季の移ろいがはっきりしている。夏は暑いが、冬は寒い。天気予報を見たり、明日の天気と気温が気になる日々が続くものだ。

私は北海道で生まれ育った。冬の寒さは格別で、マイナス35℃まで経験したことがある。そんな寒い日に外を歩くと、すぐに眉毛や髪の生え際が真っ白に凍りついた。

ここでマイナス35℃といったが、この温度の単位は摂氏（正確にはセルシウス度）である。スウェーデンの天文学者アンデルス・セルシウス（１７０１‐１７４４）が１７４２年に定義した。この単位は物理的に理解しやすい。なぜなら、水の凝固点（氷点）を０℃、沸点を１００℃にしているからである（ただし、セルシウスは氷点を１００℃、沸点を０℃とした）。

一方、海外（アメリカなど）でテレビの天気予報を見ると、気温は℃ではなく、°Fで表されていてピンとこないことがある。こちらは摂氏ではなく、華氏と呼ばれる温度の単位系である。ドイツの物理学者ガブリエル・ファーレンハイト（１６８６‐１７３６）が１７２４

名称	単位系の名称	記号	水の氷点	水の沸点
摂氏*1	セルシウス系	℃	0	100
華氏*1	華氏系	°F	32	212
絶対温度*2	熱力学温度	K	273.15	373.15

*1 摂氏と華氏の変換式：[℃]=([°F]−32)×(5/9)
*2 0Kは−273.15℃

表3-4　摂氏および華氏、絶対温度の比較

年に定義した温度単位だ。ファーレンハイトは日常生活で経験する最も低い気温を０°Ｆ、自分の体温を１００°Ｆとして華氏単位系を作った。

そして、より物理的な温度の単位系は絶対温度と呼ばれるものである。これは別名を熱力学的温度という（表３-４）。

気体の温度と圧力は比例関係にある。温度を下げていくと圧力も下がっていくのだ。これに気がついたのはフランスの物理学者ギヨーム・アモントン（１６６３-１７０５）であった。その後、気体の体積と温度の関係にまとめられ、シャルルの法則と呼ばれるようになる。

気体の圧力が最も小さくなっていくと、理想的にはゼロになる。圧力は負になることはないことを考えると、気体の温度には下限が存在することになる。

気体といってもいろいろあり、物理の問題を考えるときには煩雑になる。そこで、物理の世界では「理想気体」なるものが導入された。理想気体では圧力は温度と密度に比例する。そして、持っているエネルギーは密度によらないとされる。そして、この理想気体が圧力ゼロのときに取り得る温度を絶対零度と定義したのだ。値は摂氏マイナス２７３・15℃。絶対温度では０Ｋである。Ｋは、この研究分野で大きな貢献をしたイギリスの物理学者ケルヴィン卿（１８２４‐１９０７）にちなんでいる。

絶対零度はあるか

ここで、すべての物体（物質）には温度があるといったが、絶対零度になることはあるのだろうか。たしかに、理想気体に対してシャルルの法則を適用すれば、絶対零度が定義され、温度も決まる。

　絶対零度を目指す実験は今までにいろいろ行われてきている。ヘリウムガスをどんどん冷却していくと粘性を失い、超流動の状態になる。このときの温度は２・17Ｋである。また、ほかの原子を用いた実験では1億分の1K（10^{-8}K）まで観測されている。しかし、絶対零度は観測されていない。

宇宙の中で、最も温度の低い天体はブラックホールである。ブラックホールに熱力学を適用すると、ブラックホールも温度を持っていると考えてよい。温度を持っているということは熱放射を出す。これはホーキング放射と呼ばれているものだ。天の川銀河の中心には太陽質量の約400万倍の質量を持つ超大質量ブラックホールがある。このブラックホールの熱放射の温度はだいたい100兆分の1Kである。ブラックホールより温度の低いものがあるとは思えない。したがって、この宇宙にはおそらく絶対零度の物質はない。

ゼロ点振動

先ほど絶対零度はこの宇宙に存在しないといった。ただ、仮に宇宙が限りなく絶対零度に近づいたとしよう。そこに存在する原子はどうなってしまうのだろうか。原子のエネルギーはゼロになり、完全に止まってしまうのだろうか。

じつは、原子のエネルギーがゼロになることはない。原子は絶対零度近くまで冷やされ、最も低いエネルギー状態になっても、ゼロ点振動という運動をしているからである（ここでいうゼロは、本来のゼロの意味ではなく、最も低いエネルギー状態を示している）。

ミクロの世界の粒子（原子など）は片時も運動を止めない。位置、速度、エネルギー、時間などの物理量は揺らいでいる。これは「不確定性原理」と呼ばれるものだ。これがあるため、原子などは静止していることができない。そのため、原子のエネルギーがゼロになることはなく、ゼロ点振動という運動をしているのだ。

したがって、原子を含んでいる宇宙のエネルギーもゼロになることはない。ちなみに、宇宙にある原子（陽子）の個数はざっと10^{80}個である。これはエディントン数と呼ばれるものだが、宇宙にまつわる巨大数の１つである。

ただ、この宇宙を支配しているのはダークエネルギーである。これは宇宙膨張と共に増え続けていくだけである。なぜなら、このエネルギーは宇宙の体積に比例して増える性質を持っているからである。

ダークエネルギーの前では、原子のゼロ点振動のエネルギーを議論する意味はないのだが。ただ、いずれにしてもこの宇宙はゼロとは縁がない。

瞬間は存在するのか

前章の最後で、ゼノンのパラドックスを紹介した。足の速いアキレスは亀に追いつけるかという問題であった。ゼノンのパラドックスには、他にも有名なものがある。それは「飛ぶ矢は静止しているので飛ばない」というものである。これは、この宇宙には「瞬間」があるかということを問いかけてくれる問題なので、ここで紹介することにしよう。

飛ぶ矢を、ある瞬間で見れば止まっている。止まっている矢を集めても、矢は飛ばない。

ところが、射られた矢は飛んでいく。この矛盾を指摘しているパラドックスである。飛んでいる矢を見て止まっているというのだから、かなり奇妙な話だ。

何か間違っている。それだけは確かだ。

これは「ある瞬間」という言葉に落とし穴がある。厳密にいうと、すべての物理量は揺らいでいる。位置も速度もエネルギーも時間も揺らいでいる。私たちは「瞬間」があると考えているが、すべての時刻は有限の時間の幅を持っていると考えるべきなのだ。

たしかに、時間の幅がなければ位置は測定できたとしても、速度は分からない。それに基づいて矢は止まっていると誤解するためにパラドックスが生まれる。しかし、私たちは有限の時間の幅の間で矢を観測している。なぜなら、この宇宙ではその幅がゼロである「瞬間」は存在しないからだ。人間の感覚でその幅を感じない時間を「瞬間」と呼んでいるだけなのである。そして、時間の幅がゼロではないので、速度が分かる。移動量を観測した時間の幅で割ればよい。この観測を順次繋いでいけば矢は動いている。矢は止まっていないのだ。

実際、見ての通り矢は飛んでいく。こうして、この宇宙にはゼロとなる物理量がないことが分かる。この場合、「時間間隔がゼロになることはない」、あるいは「瞬間」はないという意味である。こうして「飛ぶ矢は静止しているので飛ばない」というゼノンのパラドックスは解決される。

結局分かったことは次のことである。

ゼノンの厄介なパラドックスは、数の世界から無限とゼロを追放することによって片づけられた。

（チャールズ・サイフェ『異端の数ゼロ』より）

宇宙にゼロはあるか

この章では宇宙にゼロがあるかどうか考えてみた。重要な項目をまとめておこう。

1　物質の根源である素粒子。そのなかでまさに根源の役割を果たしている粒子はクォークである。クォークのサイズは10^{-18}メートルしかない。しかし、ゼロではない。つまり、大きさがゼロの素粒子はこの宇宙に存在しない。

2　宇宙には4つの基本的な力がある。重力、電磁気力、強い力、そして弱い力である。これらすべての力は遠隔力である。接触力ではないことが重要である。つまり、物体同士の間に何か力が働いているとき、物体同士が厳密に接触していることはないことを意味する。物体同士の距離がゼロになることはないのだ。

3 物理の問題を解くとき、私たちは便法として質点や点電荷を考える。質点は、質量を持つが、大きさはゼロである。したがって、この質点の密度は無限大になり、本来は存在しない物体である。また、点電荷は電荷を持つが、大きさはゼロである。したがって、この点電荷の電荷密度は無限大になり、本来は存在しない物体である。つまり、有限な物理量（質量や電荷など）を持つ物体の大きさがゼロであることはない。

4 物質の温度は絶対零度（マイナス２７３・15℃）になることはない。原子は一番エネルギーが低い状態になっても、動いている。ゼロ点振動と呼ばれる現象である。この振動のエネルギーのため、絶対零度になることはないのである。

5 宇宙ではブラックホールが最も温度の低い天体である。しかし、ブラックホールは質量を持つのでエネルギーがあり、絶対零度になることはない。

６　私たちは時刻を厳密に指定することはできない。時間も揺らいでいるからである。このため、この宇宙には瞬間は存在しない。ゼノンのパラドックスの１つである「飛ばない矢」の問題は、これで解決できる。

７　私たちが手にした物理法則に出てくる物理定数を調べてみると、物理法則の適用限界としてプランク・スケールが存在する。時間、長さ、質量など、ゼロを扱えないように仕組まれている。扱えない理由は、ゼロが存在しないからである。

無限と同様に、ゼロもまたこの宇宙には存在しないのである。

第4章

宇宙に永遠はあるか

インフレーションに関する通常の扱いは、
永久インフレーションでは破綻する。

――スティーヴン・W・ホーキング、トマス・ハートッホ
『Journal of High Energy Physics』より
（訳は『ホーキング、最後に語る』より）

４－１　有限な宇宙で育まれる命

壊れる陽子

前章までで、この宇宙にゼロがあるかどうか、そして無限大があるかどうかを見た。この章ではその延長線上の話として、「この宇宙に永遠があるかどうか」を見ていくことにしよう。今までと順番が前後するが、最初にミクロな世界、その次にマクロな世界を探訪していく。

すでに述べたように自然界にある基本的な力は４種類ある（第３章を参照）。重力、電磁気力、原子核に関連する強い力と弱い力である。大統一理論は重力を除くこの３つの力を統一する理論である。

この理論はまだ完成しているわけではないが、１つ重要なことを予言した。それは陽子崩壊と呼ばれる現象だ。陽子は中性子などと「重い粒子」（バリオンと呼ばれる）に分類される。

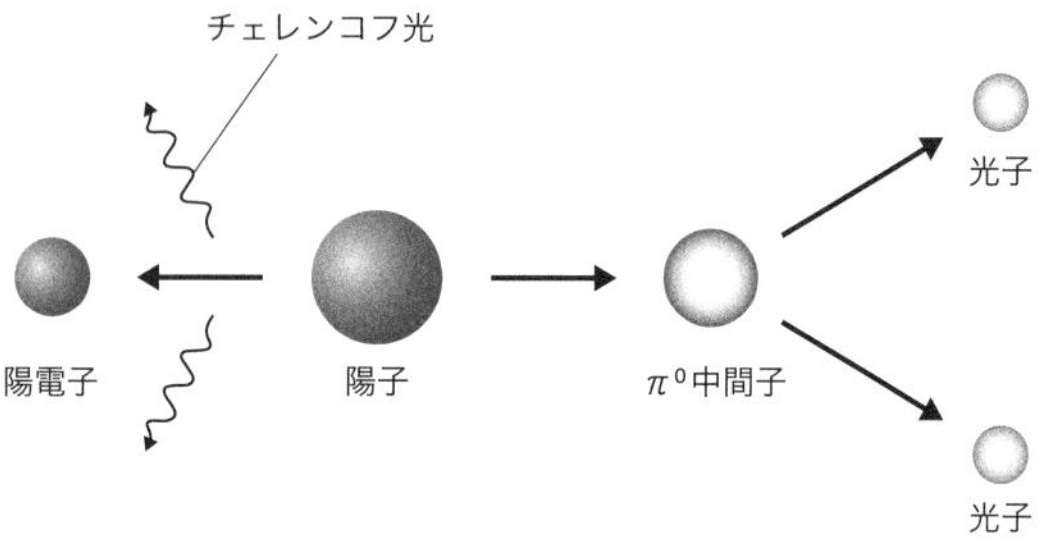

図4-1　陽子崩壊の様子

その重い粒子の中で最も軽い陽子は、それ以上壊れることはなく安定していると思われていたが、大統一理論の枠組みでは壊れることが予想されたのだ（図４-１）。10^{34}年後に陽子は壊れて死ぬと考えられている。

どのように壊れるかというと、陽子はπ^0中間子と陽電子になって壊れる。さらに、π^0中間子はただちに2個の光子に壊れてゆくが、陽電子に壊れる過程ではチェレンコフ光という光が放射される。ちなみに、チェレンコフ光とは電子などの荷電粒子が物質中を運動するときに、荷電粒子の速度がその物質中の光の速度よりも速い場合に出る光のことである。この現象は１９３４年にソビエト連邦の物理学者パーヴェル・チェレンコフ（１９０４-１９９０）によって発見された。彼はこの功績で１９５８年にノーベル物理学賞を受賞している。

ただし、陽子の崩壊にかかる時間は極めて長い。それが

10^{34}年という時間なのだ。たしかに長い。しかし、無限大ではない。長いけれども陽子の寿命は有限である。

　この長い陽子の寿命を確認する実験が行われている。２００２年、小柴昌俊（１９２６-２０２０）が「ニュートリノ天文学の創設」で、ノーベル物理学賞を受賞したことを覚えているだろうか。小柴氏のグループは陽子崩壊を捉えるため神岡鉱山の地下タンクに純水を貯めたカミオカンデと呼ばれる観測施設を作った。そこに飛び込んできたのが、大マゼラン星雲で爆発した超新星からやってきたニュートリノだった。偶然の発見だったが、それがノーベル物理学賞につながった。

　タンクに貯められた純水に含まれる陽子は約10^{34}個である。崩壊にかかる時間は10^{34}年と極めて長いが、10^{34}個の陽子を観測すれば、１年に１個は崩壊する可能性がある。それを見つけるための実験だ。先ほども説明したように、その過程で２個の光子とチェレンコフ光由来の３つの光が出てくるため、これらをセットで検出すれば、陽子崩壊を観測したことになる。

　カミオカンデはその後に増強され、現在はスーパーカミオカンデという施設になっているが、いまだ陽子崩壊は観測されていない。今後の成果に期待したい。ただ、陽子崩壊が実際に見つかれば、私たちの運命は決まる。いずれ、私たち生命体はこの宇宙から消える。それでも、実験結果は受け入れなければならない。そして、原子核の基本構成要素である陽子が壊れて消えるということは、素粒子の世界に永遠という言葉はないということなのだ。

いくつかの未来予想

ここからはマクロな目線で永遠があるかどうかを検証してみよう。

私たちは138億歳の宇宙に住んでいるが、このあと、宇宙はどのように進化していくのだろうか？　ここで、宇宙の未来予想図を考えてみよう。それは大きく分類すると、次の5通りになる。

ビッグ・フリーズ

フリーズ（freeze）は凍りつくという意味だ。宇宙は膨張と共に、どんどんと冷えていく。そして、最終的には絶対零度（0K＝マイナス273・15℃）に近づいていく。

ビッグ・リップ

リップ（rip）は強く引き裂くことを意味する。ダークエネルギーがある物理状態を取ると、宇宙膨張が急速に進行し、数千億年後には宇宙全体の膨張速度が光速を超える。このとき、宇宙は原子レベルまで引き裂かれ、壊れて死に至る。

ビッグ・クランチ

クランチ（crunch）は潰れることを意味する。現在、宇宙は膨張しているが、膨張を止めるほど宇宙の中に物質があると、重力の働きで膨張にブレーキがかかる。その場合、膨張はいずれ止まり、収縮へと転ずる。そうして、宇宙はまた１つの点のような小さな領域に集まる。

サイクリック宇宙

ビッグ・クランチのあと、宇宙はどうなるのだろうか。また、ビッグバンのような出来事が起きて、膨張に転じる可能性がある。つまり、膨張↓収縮↓膨張↓収縮というように、いつまでも振動するかのように宇宙が続いていく。これをサイクリック宇宙と呼ぶ。

真空崩壊

ビッグ・クランチよりも恐ろしい未来は、真空崩壊と呼ばれる宇宙の死である。これは、現在私たちが住んでいる宇宙が「真」の真空ではなく、「偽」の真空である場合に起こる。ここで、「真」の真空はエネルギーが最低の状態（最終的な安定状態）で、「偽」の真空はそれよりエネルギーが高い状態にある。「偽」の真空は「真」の真空へと遷移する運命にある。この遷移が起こると宇宙は消える。これがいつ起こるかは不明である。

ダークエネルギー

先ほどの宇宙の未来予想図で、ダークエネルギーという言葉が出てきた。簡単に説明しておこう。

私たちは奇妙な宇宙に住んでいる。私たちの身体や地球は元素でできている。酸素、窒素、炭素、マンガン、アルミニウム、鉄などの元素である。では宇宙も元素でできているかと思

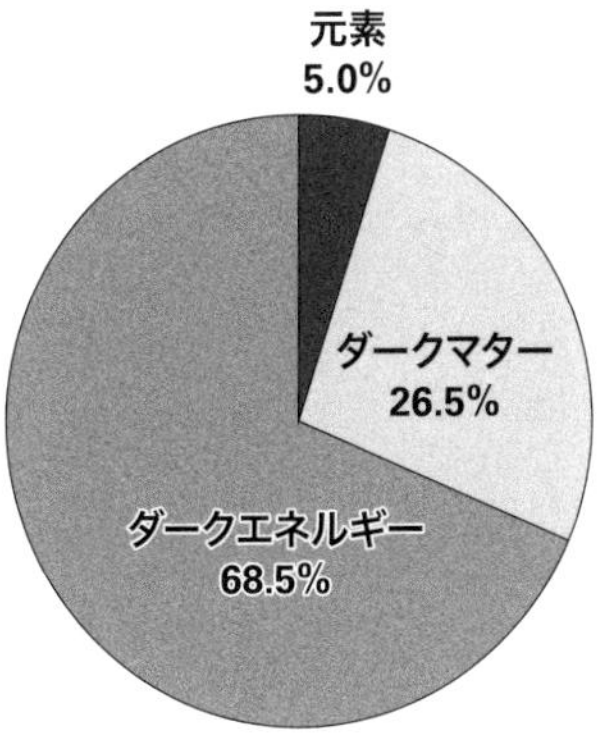

図４-２　宇宙の成分表

アインシュタインの特殊相対性理論から質量とエネルギーは等価である。そこで、この図ではそれを考慮して質量とエネルギーを一緒に評価している。

いきや、じつはまったく違う。宇宙の組成を調べてみると、元素の占める割合はたった５％なのだ（図４-２）。残りは26・５％がダークマター（暗黒物質）、そして68・５％がダークエネルギー（暗黒エネルギー）である。

現在のところ、ダークマターもダークエネルギーも正体不明である。ダークマターは未知の素粒子であると推定されているが、ダークエネルギーに至っては皆目見当がつかない状況といってよい。しかし、両者とも、観測的には存在すると考えられている。

ダークエネルギーは宇宙に満ちており、負の圧力を持っているため、この宇宙をどんどん膨張させている。加速膨張と呼ばれる現象だ。空間の持っているエネルギーというしかないが、正体を見極めるのは至難の業《わざ》であると考えられている。

英語のダーク（dark）は「暗い」のほかに、「分からない」という意味もある。ダークマターとダークエネルギーのダークは、後者の「分からない」という意味である。実際そうなのだから仕方ない。ただいえるのは、私たちの宇宙は「分からない」物質と「分からない」エネルギーに支配されているということだ。

ビッグ・フリーズ

話を戻そう。先ほどもいくつかの未来をお伝えした通り、私たちの住む宇宙の行く末は不確定要素もあり、確定的ではない。そこで、以下ではビッグ・フリーズのシナリオに従うことにしよう。ダークエネルギーがこのまま性質を変えないとすれば、宇宙の膨張は加速することはあっても、止まることはないからだ。

では、ビッグ・フリーズというシナリオでは、今後の宇宙はどうなっていくのだろうか。

先ほどよりも少し具体的に述べると、おおよそ次のような未来を辿ると考えられている。

50億年後

このくらい時間が経つと、太陽が死ぬ。太陽は中心部で水素原子核（陽子）をヘリウム原子核に熱核融合してエネルギーを出しているが、これは永遠には続かない。水素原子核が枯渇するためだ。太陽程度の質量の星は寿命がおおよそ１００億年だ。現在、太陽の年齢は約50億歳なので、熱核融合が続くのはあと50億年である。また、天の川銀河とアンドロメダ銀河は衝突・合体していき、70億年後には１つの巨大な楕円銀河になっている。

１０００億年後

太陽が死んでも、宇宙の膨張は快調に続く。そして、１０００億年後には、膨張により隣の銀河が遠ざかっていくスピードが光速を超えて、お隣さんの銀河が１つも見えない宇宙になる（レッドアウトと呼ばれる現象）。つまり、ある銀河に住んでいる人から見れば、宇宙には自分たちの住んでいる銀河しか見えなくなる。

１００兆年後

銀河にあるすべての星が燃料切れを起こし、死んでしまう。物質としては星の残骸とダークマターはあるものの、銀河はその輝きを失い、ただの重力場として存在するだけになる。

10^{34}年後

素粒子の大統一理論が正しければ、水素原子核である陽子が壊れる。つまり、このときには原子が崩壊して消える。

10^{100}年後

ダークエネルギーがそのまま活躍していれば、宇宙はまだ膨張を続けているはずである。膨張するにつれて、宇宙の温度は冷える。この頃にはほぼ絶対零度に近づいているだろう。そこは崩壊しなかったものだけがひそやかに残る、極低温の墓場である。

ビッグバン宇宙論に永遠はない

このビッグ・フリーズのシナリオの場合、非常に遠い未来まで考えることができる。あたかも、宇宙が永遠に続くように思われるだろう。それは時間として無限大があることを仮定することになる。$t=\infty$である。

一方で、現在は$t=138$億年である。

先ほどは10^{100}年後まで、宇宙の未来について考えた。10^{100}年は非常に長い時間である。しかし、まだ無限大ではない。有限の年齢を持つこの宇宙の年齢が無限大になることはない。年齢はどんどん大きくなるが、いつまで経っても無限大の年齢を迎えることはないのである。

どんなに時間が経過しても、誕生したときからの時間の経過を計測するので、無限大になることはない。宇宙はたしかに長い期間、生き永らえるだろう。しかし、それを永遠と表現してよいか悩むところである。先ほど述べたように、この宇宙の年齢が無限大になることはない。なにしろ始まりがあったからだ。

すべての天体において永遠という言葉はない。それは、宇宙についても当てはまるのだ。

もしゼロが存在するとしたら……

ここまで見てきたように、宇宙の中にゼロを見出すことはできなかった。同時に、無限大も見当たらない。時間に目を移しても永遠はない。

結局、宇宙にはゼロも、無限大も、永遠もないのだ。そもそも、私たちが手にしている物理法則ではゼロを取り扱えない。私たちはそういう宇宙に住んでいるのだ。

プランク・スケールを計算したときに使った基本定数は重力定数G、光速度c、そして換算プランク定数$\hbar$であった。もし、これらの定数を使ってゼロを取り扱える宇宙だったらどういう条件が要求されるのだろうか。少し考えてみよう。

プランク時間（t_{pl}）、プランク長（l_{pl}）、そしてプランク質量（m_{pl}）は次の式で計算される。

$$t_{pl}=(G\hbar/c^5)^{1/2}$$

$$l_{pl}=(G\hbar/c^3)^{1/2}$$

$$m_{pl}=(c\hbar/G)^{1/2}$$

これらが0なら、ゼロを取り扱える。その場合、プランク時間とプランク長を0にするには重力定数か換算プランク定数が0でなければならない。ところが、重力定数が0の場合、プランク質量が発散する。一方、プランク質量を0にするには光速かプランク定数（ディラック定数）が0でなければならないが、光速が0ならプランク時間とプランク長が発散する。つまり、実現可能な宇宙はないのである。

そもそも重力定数が0なら、物質が重力で集まることはない。銀河も星も惑星もできない宇宙になってしまう。プランク定数が0なら素粒子はエネルギーを持たないので、存在しない。光速が0なら光は静止したままである。何も見えない世界だ。これらの宇宙に意味があるだろうか。

結局、ゼロがない宇宙だから、私たちはこの宇宙に住んでいるのである。

なお、無限大も永遠もない。もちろん、私たちもいずれ消えていく。これはしょうがないことだ。

ゼロがないことに感謝して、本書を終えることにしよう。

おわりに

私たちの住んでいるこの宇宙にはゼロがないかもしれない。

この疑問を持ったのは前著『宇宙を動かしているものは何か』）の執筆を終えたあとのことだった。宇宙には４つの力（重力、電磁気力、強い力、弱い力）があるが、どれもみな遠隔力である。物体（物質）同士が接触して力を伝えることをしていないのだ。それは物体（物質）同士の距離がゼロにならないことを意味しているのではないか。この疑問が「この宇宙にはゼロがない」という仮説に導いてくれたのである。

高校や大学で物理を学んだとき、そんなことはまったく考えたことがなかった。天文学者として研究をしているときも同様だ。前著を執筆するときに宇宙を操る力についてじっくり考える機会を持てたことが幸いしたのだと思う。その際には光文社新書の編集者である小松現氏に貴重なコメントと励ましの言葉をいただき、大いに助けられたことを思い出す。

この宇宙にはゼロがない。それと呼応して無限大も永遠もない。ずいぶん、ロマンのない結論に至ってしまった。

ところで、『神は数学者か？』（マリオ・リヴィオ著）を読んでいたら面白い文章に出会った。この本の解説を担当した数学エッセイスト小島寛之が、アメリカの数学者の友人から聞いたジョークである。

> 生物学者は、自分たちを化学者だと考えている。化学者は、自分たちを物理学者だと考えている。物理学者は、自分たちを神だと考えている。でも、神は数学者である。

非常にウイットに富む文章だ。個人的には次の文章を捧げたい。

神は数学者かもしれない。しかし、ゼロと無限は嫌いである。

ついでながら、神は永遠も嫌いだろう。

宇宙はたしかに数字が好きなようだ。しかし、ゼロを身にまとうことはない。ゼロは何もない。つまり透明だ。そして、無限も身にまとわない。あまりにも大きすぎて自分が見えなくなるからだ。

ただ、どうも人の心はそうではないようだ。アメリカの大リーグで活躍する大谷翔平選手が出てくるテレビのコマーシャルを見てそう思った。

二刀流が無理だといわれたことは数え切れない
二刀流が無理だと思ったことは一度もない

ここには「数え切れない＝無限大」も「一度もない＝ゼロ」も出てくる。
人はゼロも無限もそして永遠も好きなのだ。

２０２３年３月　春の気配が漂う仙台にて

谷口義明

謝辞

本書の構想段階では光文社新書の編集長である小松現氏にご助言をいただきました。また、本書の構成と内容については、光文社新書の編集者である河合健太郎氏に貴重なコメントをたくさんいただきました。お二人に深く感謝いたします。

また、ゼロと無限大というテーマについては、著者が属している放送大学・自然と環境コースの同僚との議論で、理解が深まりました。自然と環境コースには私（天文学担当）のほかに数学、物理、化学、生物、地球科学の教員がいるので、分野横断的に議論する環境が整っています。このような環境で教育・研究ができることと共に、同僚の皆さんに感謝いたします。

参考文献

・秋田麻早子『絵を見る技術』朝日出版社、２０１９年

・阿部友衣子、志田澄子『啄木賢治の肖像』岩手日報社、２０１８年

・アミール・D・アクゼル『「無限」に魅入られた天才数学者たち』青木薫訳、早川書房、２０１５年

・イアン・スチュアート『数学の秘密の本棚』水谷淳訳、SBクリエイティブ、２０１０年

・イアン・スチュアート『無限』川辺治之訳、岩波書店、２０１８年

・エドワード・ハリソン『夜空はなぜ暗い?――オルバースのパラドックスと宇宙論の変遷』長沢工監訳、地人書館、２００４年

・エリ・ランダウ、イェ・エム・リフシッツ『場の古典論――電気力学、特殊および一般相対性理論』（増補新版）恒藤敏彦、広重徹訳、１９６４年

・ガリレオ・ガリレイ『新科学対話（上）』今野武雄、日田節次訳、岩波文庫、１９３７年

・コペルニクス『天体の回転について』矢島祐利訳、岩波文庫、１９５３年

・コンスタンス・レイド『ゼロから無限へ――数論の世界を訪ねて』芹沢正三訳、講談社ブルーバックス、１９７１年

・佐藤文隆・高橋義人『10代のための古典名句名言――心の支えとなる先人の言葉と出逢う』岩波ジュニア新書、２０１３年

・ジェレミー・ウェッブ編『「無」の科学』水谷淳訳、ＳＢクリエイティブ、２０１４年
・ジョン・Ｄ・バロウ『無の本――ゼロ、真空、宇宙の起源』小野木明恵訳、青土社、２０１３年
・スティーヴン・Ｗ・ホーキング、トマス・ハートッホ、佐藤勝彦、白水徹也『ホーキング、最後に語る――多宇宙をめぐる博士のメッセージ』早川書房、２０１８年
・須藤靖『宇宙は数式でできている――なぜ世界は物理法則に支配されているのか』朝日新書、２０２２年
・谷口義明『宇宙の誕生と進化』放送大学教育振興会、２０１９年
・谷口義明『宇宙を動かしているものは何か』光文社新書、２０２２年
・チャールズ・サイフェ『異端の数ゼロ――数学・物理学が恐れるもっとも危険な概念』林大訳、早川書房、２００９年
・ドゥニ・ゲージ『数の歴史』藤原正彦監修、南條郁子訳、創元社、１９９８年
・長倉三郎、井口洋夫、江沢洋、岩村秀、佐藤文隆、久保亮五編集『岩波 理化学辞典 第5版』岩波書店、１９９８年
・ブルーノ『無限、宇宙および諸世界について』清水純一訳、岩波文庫、１９８２年
・松原隆彦『宇宙は無限か有限か』光文社新書、２０１９年
・マックス・テグマーク『数学的な宇宙――究極の実在の姿を求めて』谷本真幸訳、講談社、２０１６年
・マリオ・リヴィオ『神は数学者か？――数学の不可思議な歴史』千葉敏生訳、早川書房、２０１７年
・牟田泰三『語り継ぎたい湯川秀樹のことば――未来を過去のごとくに』丸善出版、２００８年

・山内修編『年表作家読本 宮沢賢治』河出書房新社、１９８９年

・湯川秀樹『旅人——ある物理学者の回想』角川ソフィア文庫、２０１１年

・吉田洋一『零の発見——数学の生い立ち』岩波新書、１９７９年

$$t_{pl} = (G^{1/2}\ \hbar^{1/2}\ c^{-5/2})$$
$$t^{pl} = (G\ \hbar\ /\ c^{5})^{1/2}$$

そして G、$\hbar$、c の値をそれぞれ代入すると、プランク時間の数値として次を得る。

$$t_{pl} = 5.3912 \times 10^{-44}\ (\mathrm{s})$$

同様に計算して、プランク長とプランク質量を計算すると、次のようになる。

$$l_{pl} = (G\ \hbar\ /\ c^{3})^{1/2} = 1.6163 \times 10^{-35}\ (\mathrm{m})$$
$$m_{pl} = (c\ \hbar\ /\ G)^{1/2} = 2.1764 \times 10^{-8}\ (\mathrm{kg})$$

このように、思ったより簡単にプランク・スケールを得ることができた。これが重力相互作用をしているミクロ（量子論的）なスケールなのである。実際に計算したことで少しでも実感できたのであれば幸いである。

$= [M^{-1} L^3 T^{-2}]^x [L T^{-1}]^y [M L^2 T^{-1}]^z$
$= [M^{-x+z} L^{3x+y+2z} T^{-2x-y-z}]$

これが $[L^0 M^0 T^1]$ となるように x、y、z の値を求めればよいのだ。そこで、LとMおよびTのべき数の部分を抜き出して、以下の連立一次方程式を作ることにしよう。

$-x + z = 0$ ①
$3x + y + 2z = 0$ ②
$-2x - y - z = 1$ ③

これを解けばよいのである。まず、①より次の関係を得る。

$x = z$

これを②と③に代入すると、次式を得ることができる。

$5x + y = 0$
$3x + y = -1$

これらを解くと、次のようになる。

$x = z = 1/2$
$y = -5/2$

つまり、プランク時間（t_{pl}）は次式で導かれる。

たとえば速度の次元を考えてみると、速度の単位は $\mathrm{m\,s^{-1}}$ なので、$\mathrm{L\,T^{-1}}$ であることが分かる。この要領で重力定数 G、光速度 c、および換算プランク定数 $\hbar$ の次元を調べてみよう。次の通りとなる。

$$[G] = [\mathrm{M^{-1}\,L^{3}\,T^{-2}}]$$
$$[c] = [\mathrm{L\,T^{-1}}]$$
$$[\hbar] = [\mathrm{M\,L^{2}\,T^{-1}}]$$

ここで [ ] は、次元を示すときに使う記号である。

さて、これら3つの基本定数が規定する世界（スケール）はどのようなものになるのだろうか？　それを知るには、これらの基本定数を用いて、新たに長さ、質量、そして時間を再評価してみることである。

基本定数を組み合わせてみる

ただ、現時点でそれぞれ基本定数をどう組み合わせればよいか分からない。そこで、以下のように仮定しておこう。

長さ：$[G]^x\,[c]^y\,[\hbar]^z = [\mathrm{L^1\,M^0\,T^0}]$
質量：$[G]^x\,[c]^y\,[\hbar]^z = [\mathrm{L^0\,M^1\,T^0}]$
時間：$[G]^x\,[c]^y\,[\hbar]^z = [\mathrm{L^0\,M^0\,T^1}]$

あとはそれぞれ計算あるのみだ。これで組み合わせの方法が分かるはずである。ここではプランク時間 t_{pl} を例に計算してみよう。時間なので次元としては $[\mathrm{L^0\,M^0\,T^1}]$ になる場合を考えればよい。

プランク時間 t_{pl}：$[G]^x\,[c]^y\,[\hbar]^z$

付録　プランク・スケールを計算してみる

役に立つ次元

本書で出てきたプランク・スケール（プランク単位系とも呼ばれる）の計算はそれほど難しくはない。なぜなら、連立一次方程式を解けばよいからである。計算が面倒でなければ、是非プランク・スケールを実際に計算してみてほしい。

プランク・スケールはミクロの世界のスケールである。重力相互作用しているミクロな世界はどの程度のサイズなのか見極めることができる。

ここで、３つの基本定数を採用することにしよう。プランク定数は $h/2\pi$ の形で方程式に用いられることが多い。これは換算プランク定数（$\hbar$）と呼ばれる。以降の計算でもこの値を採用することにしよう。

重力定数 G　　　　：6.6743×10^{-11} ($m^3\,kg^{-1}\,s^{-2}$)
光速度 c　　　　　：2.9979×10^{8} ($m\,s^{-1}$)
換算プランク定数 $\hbar$ ：1.0546×10^{-34} ($kg\,m^2\,s^{-1}$)

そして、物理量や基本定数は次元を持っている。次元は３つの基本次元からなっている。

長さ：L (length)
質量：M (mass)
時間：T (time)

谷口義明（たにぐちよしあき）

1954年北海道生まれ。東北大学理学部卒業。同大学院理学研究科天文学専攻博士課程修了。理学博士。東京大学東京天文台助手などを経て、現在、放送大学教授。専門は銀河天文学、観測的宇宙論。すばる望遠鏡を用いた深宇宙探査で128億光年彼方にある銀河を発見、当時の世界記録を樹立。ハッブル宇宙望遠鏡の基幹プログラム「宇宙進化サーベイ」では宇宙のダークマター（暗黒物質）の3次元地図を作成し、ダークマターによる銀河形成論を初めて観測的に立証した。著書に『天文学者が解説する　宮沢賢治「銀河鉄道の夜」と宇宙の旅』『宇宙を動かしているものは何か』（以上、光文社新書）、『アンドロメダ銀河のうずまき』（丸善出版）、『天の川が消える日』（日本評論社）など多数。

宇宙《うちゅう》・0《ぜろ》・無限大《むげんだい》

2023年6月30日初版1刷発行

著　者 —— 谷口義明
発行者 —— 三宅貴久
装　幀 —— アラン・チャン
印刷所 —— 堀内印刷
製本所 —— ナショナル製本
発行所 —— 株式会社光文社
東京都文京区音羽1-16-6（〒112-8011）
https://www.kobunsha.com/
電　話 —— 編集部03(5395)8289　書籍販売部03(5395)8116
業務部03(5395)8125
メール —— sinsyo@kobunsha.com

　ISBN 978-4-334-04668-2

光文社新書

1238

教育大国シンガポール

日本は何を学べるか

中野円佳

激しい教育競争、点数化する習い事——煽られ、葛藤する母親達、疲弊する子ども達。教育社会学研究者・ジャーナリストが現地の教育システムの実態を、インタビュー調査を交え報告。

978-4-334-04645-3

1239

エンタメ小説家の失敗学

「売れなければ終わり」の修羅の道

平山瑞穂

華々しいデビュー、10万部超えのヒット、そして映画化——。人気作家も目前だった小説家が犯した痛恨の「失敗」とは？出版界の裏事情と赤裸々な告白に満ちた自虐的反省の書。

978-4-334-04646-0

1240

「おふくろの味」幻想

誰が郷愁の味をつくったのか

湯澤規子

一体「おふくろの味」とは何を指しているのか。なぜそれは時に女性たちをいらだたせるのか。社会と時代を丹念に読み解き、「おふくろの味」が誕生した経緯とその正体を探る。

978-4-334-04647-7

1241

数字のセンスを磨く

データの読み方・活かし方

筒井淳也

私たちは数字に取り囲まれて日々を送っている。だが、数字をきちんと理解し、数字ときちんと向き合えているだろうか。計量社会学・家族社会学を専門とする著者が「数字との付き合い方」を示す。

978-4-334-04648-4

1242

追跡　税金のゆくえ

ブラックボックスを暴く

高橋祐貴

一般社団法人による〝中抜き〟、見えない五輪予算、孫の小遣いとなる中山間地域の助成金——。私たちの税金は何に使われているのか。気鋭の新聞記者がその杜撰な実態に粘り強く迫る！

978-4-334-04649-1

光文社新書

1243

友情を哲学する
七人の哲学者たちの友情観

戸谷洋志

友情とは何なのか。いま、その多様性を知ることが、人生をいくらか豊かなものにしてくれるのではないか。漫画が描く「友情」のあり方を参照しながら、哲学者七人の友情観を探る。

978-4-334-04650-7

1244

改訂版 東大合格高校盛衰史
1949年〜最新ランキング徹底解剖

小林哲夫

日本一の頭脳たちはどこから集うのか？　名門進学校の凋落と躍進を辿ることで、日本社会の構造が浮き彫りになる。戦後から今に至るまでの合格者数ランキングで、東大受験の実情を一挙総覧！

978-4-334-04651-4

1245

リスキリングは経営課題
日本企業の「学びとキャリア」考

小林祐児

急速に取り組みが進む、知識やスキルの学び直し「リスキリング」を阻む、日本企業特有の構造とは何か。大人が世界一学ばない国・日本における学び方、働き方の新たな仕組みを考える。

978-4-334-04652-1

1246

宇宙ベンチャーの時代
経営の視点で読む宇宙開発

小松伸多佳　後藤大亮

宇宙開発は民間企業がイニシアティブをとる「ビジネス」として生まれ変わりつつある。ベンチャー・キャピタリストとJAXAのエンジニアが企業経営とサイエンスの観点から展望する。

978-4-334-04653-8

1247

東大生、教育格差を学ぶ

松岡亮二　髙橋史子
中村高康　編著

地域・性別・社会階層など本人が変えることのできない「生まれ」によって学力や学歴などに差がうまれる「教育格差」を、東大生38人はどう捉えるか。白熱ゼミの模様を新書化。

978-4-334-04654-5

1248
90歳までに使い切る お金の賢い減らし方
大江英樹

「貯める・増やす」の呪縛、「老後不安」という物語に振り回されず、価値ある使い方をすることで人生を豊かに生きる方法とは。お金の本質を掘り下げ、日本人のお金観に一石を投じる。

978-4-334-04655-2

1249
大人のマナー術
辛酸なめ子

コロナ禍の限られた人付き合いで、辛酸さんのマナー感覚は危機的状況に。一念発起、よりよい人間関係のヒントを学びます。今こそ読みたい、避けられないコミュニケーションへの処方箋！

978-4-334-04656-9

1250
会社のなかの「仕事」社会のなかの「仕事」
資本主義経済下の職業の考え方
阿部真大

際限のない「超」長時間労働、蔓延するやりがい搾取、働き手を蝕む過剰サービス。日本人の働き方は、どうすれば変えられるのか？ 疲弊した日本経済に「職業の社会学」が新たな地平を拓く。

978-4-334-04657-6

1251
山本五十六、最期の15日間
歴史に埋もれた「幻の3番機」
池田遼太
〈語り〉青木藏男

「私は1943年4月18日、米軍に撃墜された長官機の後ろを飛んでいました」。99歳の元搭乗員が明かす、山本五十六の戦死の真相。日本海軍の頂点と地べたが交わる戦場ノンフィクション。

978-4-334-04658-3

1252
再考 ファスト風土化する日本
変貌する地方と郊外の未来
三浦展

全国各地のロードサイドに同じような商業施設が建ち並ぶ「ファスト風土化」によって、郊外とそこに暮らす人々の意識はどう変わったか。小説家、建築家、研究者ら13名の論考を収録。

978-4-334-04659-0

光文社新書

1253

コミュ力は「副詞」で決まる

石黒圭

「めっちゃ」「やっぱり」「じつは」「なるほど」「せっかく」「あいにく」「おかげさまで」… etc. 気持ちを効果的に伝える最強の助っ人「副詞」、その分類と機能を知り、使い方の勘所を学ぶ。

978-4-334-04660-6

1254

阪神タイガースはなんで優勝でけへんのや？

喜瀬雅則

歴史　看板　風土　戦略　育成　苦悩　誤解　派閥　そして「アレ」――9つの枠組で分析する優勝が遠のく理由。阪神ファンの元番記者だから書けた「新・阪神タイガース論」。

978-4-334-04661-3

1255

定年前と定年後の働き方

サードエイジを生きる思考

石山恒貴

定年前と定年後の働き方は、個人の思考ひとつで大きく変わる――。この時期を、どう働き、どう過ごし、どう生きるのか。幸福な働き方を実現する思考法を、研究理論と実例から探る。

978-4-334-04662-0

1256

編集者の読書論

面白い本の見つけ方、教えます

駒井稔

古典新訳文庫創刊編集長が綴《つづ》る気取らぬ読書論。話題は海外の書店や出版社、作家、歴史的人物、古典、短編、児童書へと縦横無尽に広がり、未読の本の存在にわくわくすること間違いなし！

978-4-334-04663-7

1257

超遺伝子《スーパージーン》

藤原晴彦

生き物の不思議を司る超遺伝子。メスの一部だけが擬態するナガサキアゲハなど、ダーウィンとウォレスが残した謎を解き明かして見えてきた、遺伝学の新たなフロンティアに迫る。

978-4-334-04664-4

光文社新書

1258
理想の職場マネージメント
一軍監督の仕事
高津臣吾

個性豊かな選手がひとつの方向を向くチームをつくるには? セ・リーグ連覇、交流戦優勝、ゆとりローテーション、言葉の力——球界に革新を起こす名将が自らのマネージメント手法を語る。

978-4-334-04665-1

1259
参議院
倉山満

参議院を制する者が日本の政治を制する——。参議院とはいかなる存在なのか。誕生の背景から歴代政権のスタンス、そして現代日本政治まで、憲法学、政治学、歴史学の視点で検証。

978-4-334-04666-8

1260
東大生のジレンマ
エリートと最高学府の変容
中村正史

急増する休学者に、急進的な起業志向——保守的なはずの東大で、あえて「レール」を踏み外す学生が増えている理由とは? 激変する東大と東大生の「今」を、当事者たちの声が浮き彫りにする。

978-4-334-04667-5

1261
宇宙・0・無限大
谷口義明

私たちの想像が及ばないほど広大な宇宙は無限の大きさを持つのか。また、この宇宙に0となる物理量は存在するのか。シンプルながらも深遠な問いに天文学者が果敢に挑む一冊。

978-4-334-04668-2

1262
企業戦略とアート
世界視点で読む
上坂真人

なぜ世界のトップ企業は事業としてアートに投資するのか。日本には何が欠けているのか。ビジネスとしてのアートの役割と活用法を、豊富な事例とデータから分析・提言する。

978-4-334-04669-9